牛羊健康养殖 与高效生产

◎ 胡小然　张相伦　赵红波　主编

中国农业科学技术出版社

图书在版编目（CIP）数据

牛羊健康养殖与高效生产／胡小然，张相伦，赵红波主编. --北京：
中国农业科学技术出版社，2022.5
ISBN 978-7-5116-5739-8

Ⅰ.①牛… Ⅱ.①胡…②张…③赵… Ⅲ.①养牛学②羊-饲养管理
Ⅳ.①S823②S826

中国版本图书馆 CIP 数据核字（2022）第 064574 号

责任编辑　张国锋
责任校对　李向荣
责任印制　姜义伟　王思文

出 版 者	中国农业科学技术出版社
	北京市中关村南大街 12 号　邮编：100081
电　话	（010）82106625（编辑室）　（010）82109702（发行部）
	（010）82109709（读者服务部）
传　真	（010）82106625
网　址	http://www.CASTP.cn
经 销 者	各地新华书店
印 刷 者	北京地大彩印有限公司
开　本	170 mm×240 mm　1/16
印　张	15
字　数	300 千字
版　次	2022 年 5 月第 1 版　2022 年 5 月第 1 次印刷
定　价	58.00 元

《牛羊健康养殖与高效生产》
编写人员名单

主　编　胡小然　张相伦　赵红波

副主编　张洪涛　魏廷俊　石贵云

　　　　李生庆　李政辉　赵德浩

编写人员　孙宏磊　刘兰英　杰恩斯古丽·吐尔地拜

　　　　王彩凤　李　裔　高　洁

　　　　李　敏　管　艳　郭良富

　　　　刘志高

前　言

牛羊都是反刍家畜。近年来，牛羊健康养殖在我国养殖业中已经取得了长足的进展，牛羊生产方式、生产工艺和产业布局更加合理，饲料营养的均衡性不断改善，以生物安全为重点的健康管理不断加强，保证了牛羊的高效生产和牛肉、牛奶、羊肉、羊毛、羊皮等牛羊产品的安全、优质和无公害。但不可否认，在健康养殖快速发展过程中，我们与发达国家相比还有一定的差距，生产方式还比较落后、饲料的转化率不高、养殖的环境比较差、防病意识还不够强，直接制约了牛羊高效生产的发展进程。

针对目前牛羊健康养殖生产的现实情况，我们组织了长期从事牛羊科研、生产、技术推广第一线的专家编写了这本《牛羊健康养殖与高效生产》。本书从实际出发，理论联系实际，分奶牛、肉牛、羊 3 篇，从场区建设、品种选择、繁殖技术、日粮配合、饲养管理、生物安全等方面，比较全面地介绍了牛羊健康养殖和高效生产的新理念、新知识和新技术，内容丰富，重点突出，贴近生产。

本书力求语言通俗易懂，技术先进实用，针对性和实战性强，既可供牛羊健康养殖者决策参考，也适合养殖户、养殖场人员、畜牧兽医技术人员使用，也可作为相关院校师生了解牛羊健康生产的理念、技术和方法的重要参考资料。

由于作者水平有限，不足甚至错误在所难免，希望读者在阅读使用过程中提出批评修正意见。

编　者
2022 年 1 月

目　　录

第一篇　奶牛健康养殖与高效生产

第二篇　肉牛健康养殖与高效生产

第三篇　羊健康养殖与高效生产

目　录

第一篇
奶牛健康养殖与高效生产

第一章
奶牛场建设

第一节　奶牛场选址与布局

一、选址

选址要慎重，若考虑不周，将会为牧场日后生产带来永久性遗憾。为此，在选址时最好要有专家论证，至少要征求畜牧、水利、电力、交通、通讯、建筑等部门有经验专家的意见。

现代化奶牛场建设投资大、见效慢、利用年限长，一定要考虑到建场所需土地面积、充足的空间和发展余地，以方便未来扩展。应选择背风向阳，地势高燥地区，要避开风口。为便于排水应有一定自然坡度，最理想的坡度为2%~5%。不得选在低凹、沼泽地区。一般而言，通过自然繁殖5年后牛群数就会翻番，就需升级改造。

场址要求水源充足、水质良好。据估算每头成母牛一天总用水量为300~400升。一个规模化牧场每天总用水量为千吨左右，如水源不足，将无法保证正常生产。中国是贫水国家，水源充足与否更显重要。牧场只要资金充足，修路、架线都能顺利实现，若水源不足，资金再多也难以弥补。

场址周边要有充足饲料用地和场地，可供粗饲料供应和消纳粪污，奶牛不同于其他动物，吃得多，排得也多，仅青贮玉米，一头泌乳牛每天就需20千克以上，而一头泌乳牛一天的粪污排泄量超过50千克。粪污处理最好的方法是还田，每头牛需要3亩（1亩≈667米²，全书同）饲料地才能保证土地营养不会过度，周边有效种植土地面积直接决定了粪污的最终消纳能力。有足够的土地面积通过施肥来解决粪污排放，避免对环境造成污染。根据发达国家的经验，奶牛养殖要与种植业相结合，要与土地经营规模相匹配。这样可以降低青贮饲料运输费用和粪污处理费用，降低奶牛养殖成本。

二、布局

奶牛场进行科学规划、合理布局是营造良好生产环境、实现高效生产的基础和保障。作为现代化奶牛场建设中的一个重要环节，现代化奶牛场布局在前期的规划过程中显得尤为重要。奶牛场一般分为生活办公区、牛奶生产区、饲料储存加工区、粪污处理区。4个区的规划设计是否合理，各区建筑物布局是否得当，直接关系到奶牛场的劳动生产效率。总平面图的合理布局是牛场设计的关键。

生活办公区包括办公室、宿舍、食堂、娱乐设施等。生活管理区内的设施要完善，保证员工的正常生活。生活办公区与生产区严格分开，必须单独设立在牛奶生产区大门以外。最好靠近主路的正门距离牛奶生产区100米以上，从生物安全考虑防止人畜共患疾病发生，人员进、出牛奶生产区必须有消毒、更衣室。奶厅大门周围道路、村庄、运奶牛场决定了运奶车极易带菌传播疾病。因此，牧场建设规划设计奶厅时最好靠近道路，单独设置牛奶运输门和奶车消毒设施，尽量避免运奶车和运料车道路交叉通行，防止疾病传播。粪污处理区与牛奶生产区、饲料储存加工区应合理隔离，牛场内道路的设置与连接，尽可能避免净污道路交叉。应根据奶牛卫生防疫要求，单独设置粪污运输门。

三、运动场设置

运动能增强体质、增加光照、增加体内维生素D含量和产奶量。据报道，奶牛每天游走2~3千米，奶量可提高6%。夜晚将牛赶到运动场活动30分钟，可增奶10%。运动还有一个非常重要的作用，就是可以预防多种疾病，如胎衣不下、难产、子宫脱、乳房水肿、酮血病、乳热症、真胃变位等。另外，运动还可促进发情，并且运动场利于发情鉴定。另据报道，不设运动场并未发现异常现象。发病率、发情率、妊娠率都在优良范围内，奶量也保持高产和上升的势头。人们都期望奶牛能不停地在做逍遥运动，借以达到通过运动而增强体质、增加奶量的目的。但据观察，奶牛走进运动场绝大部分都在躺卧休息、反刍，事实上设立运动场并未达到增加奶牛运动的目的，只是提供了休息的另一个场所而已。北方冬季，白天室外气温零下15℃，开放牛舍到运动场的门，让奶牛选择时，大多数奶牛选择到舍外，这说明奶牛对空气质量敏感。因此，如果土地面积足够用，尽量建设简易奶牛运动场，让奶牛在一年中天空晴朗的天气到牛舍外呼吸一下新鲜的空气。

第二节　奶牛舍建设与设计

一、奶牛舍建设

（一）奶牛舍建设要求

奶牛舍建筑，要根据当地的气温变化和奶牛场生产、用途等因素来确定。建奶牛舍经济实用，还要符合兽医卫生要求，做到科学合理。有条件的，可建质量好的、经久耐用的奶牛舍。

奶牛舍内应干燥，冬暖夏凉，地面应保温，不透水，不打滑，无污水，粪尿易于排出舍外，下水畅通。舍内清洁卫生，空气新鲜。

由于冬春季风向多偏西北，奶牛舍以坐北朝南或朝东南好。奶牛舍要有一定规格、数量的采光、通风窗户，以保证太阳光线充足和空气流通。房顶有一定厚度，隔热保温性能好。舍内各种设施的安置应科学合理，以利于不同生长发育阶段、不同泌乳繁殖阶段奶牛生长和生产需要。

1. 奶牛舍形式

奶牛舍因气候条件可分为：封闭式、半开放式、开放式。

2. 奶牛舍种类

根据奶牛不同时期需要及用途可分为：泌乳牛舍、干乳牛舍、产房、0~3月龄犊牛舍（犊牛岛）、4~6月龄犊牛舍、育成牛舍、青年牛舍、隔离牛舍。

3. 泌乳牛舍

泌乳牛舍因饲养方式不同，分为散栏式大跨度奶牛舍或拴系式奶牛舍；又因奶牛舍建筑结构形式不同，分为钟楼式、半钟楼式、双坡式等。

（二）牛舍基本结构

1. 地基与墙体

温暖地区：基深80~100厘米，砖墙厚24厘米；高寒冷地区：基深150~180厘米（原则应超过冻土），砖墙厚后墙50厘米，前墙37厘米。

轻钢结构钟楼式泌乳牛舍：27米跨度、下檐高3.1~3.6米、开间4~6米、上檐高4.5~5米；钟楼顶高6.5~7.5米、檐高5.5~6米；产房：12米跨度、檐高 3.1~3.6 米、开间 4 米、顶高 4~5 米。

犊牛舍：10~10.5 米跨度、檐高 3.1~3.6 米、开间 4 米、顶高 4.0~4.5
米，或采用移动式犊牛岛。砖混结构双坡式奶牛舍脊高 4~4.5 米，前后檐高
3.0~3.5 米。牛舍内墙的下部没墙围，防止水气渗入墙体，提高墙的坚固性、
保温性。

2. 门窗

门高 2.1~2.2 米，宽 2~2.5 米。高寒冷地区门一般设成保温推拉门或双
开门，也可设上下翻卷门。封闭式的窗应大一些，高 1.5 米，宽 1.5 米，采用
新型材料设计时，寒冷地区朝阳面设计通长导流式自动开启的旋窗，窗台高距
地面 1.2~1.5 米为宜。温暖地区半开放式或开放式牛舍，有条件的可以采用
卷帘门窗，增加通风和采光。

3. 屋顶

最常用的是钟楼式、半钟楼式、双坡式屋顶。钟楼式、半钟楼式比较适用
于较大跨度的泌乳牛舍，有利于通风、采光；双坡式的屋顶牛舍可用于干乳牛
舍、产房、0~3 月龄犊牛舍（或犊牛岛）、4~6 月龄犊牛舍、育成牛舍、青年
牛舍、隔离牛舍等各种规模的各类牛群。这种屋顶既经济，通风性、保温性又
好，而且容易施工修建。

4. 奶牛床和饲槽

奶牛场多为群饲通槽喂养。拴系式饲喂，牛床一般要求长 1.6~1.8 米，
宽 1~1.2 米。牛床坡度为 1.5%，牛槽端位置高。饲槽设在牛床前面，以固定
式水泥槽最适用，其上宽 0.6~0.8 米，底宽 0.35~0.4 米，呈弧形，槽内缘高
0.35 米（靠牛床一侧），外缘高 0.6~0.8 米（靠走道一侧）。散栏式 TMR 饲
喂，奶牛自由采食，单设卧床。

为操作简便，节约劳力，应建高通道，低槽位的道槽合一式为好，即槽外
缘和通道在一个水平面上。

5. 通道和粪尿沟

对头式饲养的双列奶牛舍，通道宽度应以送料车能通过为原则。人工推车
饲喂，中间通道宽 1.4~1.8 米（不含料槽）。TMR 日粮车饲喂，采用道槽合
一式，道宽 4 米为宜（含料槽宽）。粪尿沟宽应以常规铁锹正常推行宽度为
易，宽 0.25~0.3 米，深 0.15~0.3 米。

6. 运动场、饮水槽和围栏

运动场的大小，其长度应以奶牛舍长度一致，这样整齐美观，充分利用地
皮。其宽度应参照每头奶牛 10~15 米² 设计计算。奶牛随时都要饮水，因此，

除舍内饮水外，还必须在运动场边设饮水槽，且能翻转，便于清洗。槽长3~4米，上宽70厘米，槽底宽40厘米，槽高40~70厘米。

每25~40头应有一个饮水槽，要保证供水充足、新鲜、卫生。寒冷地区的饮水槽最好选择具有加热装置，使奶牛冬季能喝到温水。运动场周围要建造围栏，可以用钢管建造，也可用水泥桩柱建造，要求结实耐用。

（三）建造奶牛舍的基本类型

1. 封闭式奶牛舍

12米跨度封闭式奶牛舍多采用拴系饲养。18~27米封闭式奶牛舍多采用散栏式饲养。因采用的建筑结构和建筑材料不同又分为轻钢结构、彩板装配式奶牛舍和砖混结构奶牛舍两种。

2. 半开放式奶牛舍

半开放式奶牛舍三面有墙，向阳一面敞开，有顶棚，在敞开一侧设有围栏。这类奶牛舍的开敞部分在冬季可用卷帘遮拦，形成封闭状态。从而达到夏季利于通风，冬季能够保暖，使舍内小气候得到改善。这类奶牛舍相对封闭式奶牛舍来讲，造价低，节省劳动力（较适合华北部分地区）。

3. 塑料暖棚奶牛舍

属于半开放奶牛舍的一种，是近年来北方寒冷地区推出的一种较保温的半开放式奶牛舍。就是冬季将半开放式（或）开放式奶牛舍，用塑料薄膜封闭敞开部分，利用太阳能和牛体散发的热量，使舍温升高，同时塑料薄膜也避免了热量散失。

修筑塑膜暖棚奶牛舍要注意以下几个方面问题：一是选择合适的朝向，塑膜暖棚奶牛舍需坐北朝南；二是选择合适的塑料薄膜，应选择对太阳光透过率较高，而对地面长波辐射透过率较低的抗老化聚乙烯等塑膜，其厚度以80~100微米为宜；三是要合理设置通风换气口，棚舍的进气口设在棚舍顶部的背风面，上设防风帽，排气口的面积以20厘米×20厘米为宜，进气口的面积是排气口面积的一半，每隔3米远设置一个排气口。

4. 开放式轻钢结构、彩板装配屋顶式奶牛舍

这种装配式奶牛舍系先进技术设计，采用国产优质材料制作。其适用性、耐用性及美观度均居国内一流，且制作简单、省时，造价低。

适用性强：保温、隔热、通风效果好。奶牛舍前后两面墙体由活动卷帘代替，夏季可将卷帘拉起，使封闭式奶牛舍变成棚式奶牛舍，自然通风效果好。屋顶部安装有可调节风帽。冬季卷帘放下时通风调节帽内蝶形叶片使舍内氨气排出，达到通风换气效果。

耐用：奶牛舍屋架，屋顶及墙体根据力学原理精心设计，选用优质防锈材料制作，既轻便又耐用，一般使用寿命在 20 年以上（卷帘除外）。

美观：奶牛舍外墙采用金属彩板（红色、蓝色）扣制，外观整洁大方，十分漂亮。

造价低：按建筑面积计算，每平方米造价仅为砖混结构，木屋结构牛舍的80% 左右。

建造快：其结构简单，工厂化预制，现场安装。因此省时，在基础完成的情况下，一栋标准奶牛舍一般在 15~20 天即可造成。这种奶牛舍以钢材为原料，工厂制作，现场装备，属敞开式奶牛舍。屋顶为彩钢板镀锌板或太阳板，屋梁为"U"字形钢、角铁焊接，隔栏和围栏为钢管。

轻钢结构、彩板装配式奶牛舍室内设置与砖混建筑的普通奶牛舍基本相同，其适用性、科学性主要体现在屋架、屋顶和墙体，宽敞通风，以及方便于采用 TMR 等先进的饲喂和管理工艺技术。

二、奶牛场建筑物的配置要求

奶牛场内部建筑物的配置要因地制宜，便于管理，有利于生产，便于防疫、安全等。统一规划，合理布局，做到整齐、紧凑，土地利用率高和节约投资，运行成本低与经济实用。

（一）奶牛舍

我国地域辽阔，南北、东西气候相差悬殊。东北三省、内蒙古、青海、新疆等地奶牛舍设计主要是防寒、通风、采光，奶牛舍坐北朝南为宜；华北部分地区及黄河以南则以防暑、降温、排潮为主，应以坐东朝西为好。奶牛舍的形式依据饲养规模和饲养方式而定。

奶牛舍的建造应便于饲养管理，便于采光，便于夏季防暑降温，冬季防寒、排潮，便于防疫。修建奶牛舍多栋时，采取长轴平行配置较好，当奶牛舍超过 4 栋时，可以 2 行并列配置，前后对齐，相距 10~15 米。

（二）饲料库和混料间

建造地址应选在离每栋牛舍的位置都较适中，而且位置稍高，即干燥通风，又利于成品料向各奶牛舍运输。

（三）干草棚及草库

尽可能地设在上风向地段，与周围房舍保持 50 米以上距离，单独建造，既防止散草影响奶牛舍环境美观，又要达到防火安全。如果 TMR 饲喂方式，要离饲料加工或搅拌站近些。

（四）青贮窖或青贮池

建造选置原则同饲料库。位置适中，地势较高，防止粪尿等污水入侵污染，同时要考虑出料时运输方便，减小劳动强度。如果 TMR 饲喂方式，要离饲料加工或搅拌站近些。

（五）兽医室和病牛舍

应设在牛场下风头，而且相对偏僻一角，便于隔离，减少空气和水的污染传播。

（六）办公室、职工住舍和食堂

设在牛场之外地势较高的上风头，以防空气和水的污染及疫病传染。奶牛场门口应设门卫、消毒室和消毒池。

三、奶牛场绿化

牛场统一规划布局，因地制宜地植树造林，栽花种草是现代化牛场不可缺少的建设项目。

（一）场区林带的规划

在场界周边种植乔木和灌木混合林带，并栽种刺笆。北方地区：乔木类的大叶杨、旱柳、钻天杨、榆树及常绿针叶树等；灌木类的河柳、紫穗槐、侧柏等；刺笆可选陈刺、刺榆等，起到防风阻沙安全等作用；南方地区：乔木类的法国梧桐、槐树、柳树、榆树等；灌木类的黄杨、黄金叶、大叶女贞、小叶女贞、法国冬青、垂柳；草坪类的冷季型多年生黑麦草、草地早熟禾、细羊茅；暖季型地毡草、狗牙根、钝叶草。

（二）场区隔离带的设置

主要以分隔场内各区，如生活区及管理区、生产区的四周，都应设置隔离林带，一般可用杨树、榆树等，其两侧种灌木，以起到隔离作用。

（三）道路绿化

宜采用塔柏、冬青等四季常青树种进行绿化，并配置小叶女贞或黄杨成绿化带。

（四）运动场围栏外侧遮阳林

在运动场的南、东、西三侧，应设 1~2 行遮阳林。一般可选择枝叶开阔、生长势强、冬季落叶后枝条稀少的树种，如杨树、槐树、法国梧桐等。

总之，树种花草的选择应因地制宜，就地选材，加强管护，保证成活。通过绿化，改善牛场环境条件和局部小气候，净化空气，美化环境，同时也能起到隔离作用。

第三节　奶牛场废弃物处理

一、奶牛场粪污无害化处理技术

当前，我国奶牛养殖业正处于从传统粗放养殖向现代畜牧业转型的关键时期，奶牛养殖中存在的一些深层矛盾和问题日益凸显：养殖生产方式落后，奶产品质量存在安全隐患，疫病防控形势不容乐观，奶产品市场价格不停波动，奶牛规模饲养带来的环境污染日趋加重。这些问题的存在，成为制约现代奶牛养殖业可持续发展的瓶颈。

（一）无害化处理的原则

1. 无害化

为了我们的生存环境和人身安全，必须对奶牛场粪便进行无害化处理。奶牛养殖产生的粪便、污水，首先会污染水体，造成水体氮、磷量升高，导致水体严重富营养化；污水中有毒、有害成分可造成地下水持久性有机污染，极难治理、恢复。其次奶牛粪便中含臭味化合物对空气造成污染，其中含量最多的有甲烷、硫化氢、氨气、脂肪族醛类、粪臭素和硫醇类等。再次，奶牛养殖污水会对农田土壤污染，长期灌溉会使作物陡长、倒伏、晚熟或不熟，造成减产，大面积腐烂；高浓度污水导致土壤孔隙堵塞，造成土壤板结，严重影响土壤质量。最后还会引起病毒传播，有人畜共患疾病100多种，这些人畜共患疾病的载体主要是奶牛和牛场废弃物。

2. 减量化

粪污处理就是减少粪尿污物的数量、所含致病病原微生物种类、减少饲料中重金属在生物链的富集。粪污中还有许多重金属，如铜、锌、锰、铅等。它们一旦进入水体和土壤后，部分为动植物所吸收，并有逐级富集作用。此外还有激素、霉菌、霉菌毒素、药物残留等有毒、有害物质通过食物链被富集，再通过奶产品进入人体，给人的生理功能造成破坏，包括致残、致畸、致癌和遗传突变等。重金属和其他有害物质残留、使用的药物残留危害人体健康。

3. 规范化

牛场粪污处理方法得当，设施齐全且运转正常，实现粪污资源化利用或达到相关排放标准。养殖场粪污处理必须做到规范化。利用现代生物技术或者产品，对养殖场污物进行全面处理，不能流于形式，做表面文章。养殖场根据养殖规模、存栏数量、粪污种类选用工业化处理设备，对其产生的污水、粪尿进行无害化处理，承担企业对社会的责任和义务。最后出场的废水必须符合国家规定的技术要求。

4. 特色化

就是各个养殖场建立的粪污无害化处理模式要符合自己的特色，因地制宜，综合利用，可以是单一模式，也可以多种模式共存，不要求过分多样化，最好采用1~2个处理模式，有利于节约资源，合理利用资金，不必贪大求洋。比如牛场采用粪便生产沼气处理模式，也可以采用养殖蚯蚓和生产沼气相结合，或者生产沼气和粪便高温发酵相结合法。

（二）无害化处理技术

1. 有机肥生产技术

有机肥生产技术是目前一些大型养殖场优先采用的粪污无害化处理措施，该技术集发酵、沼气、烘干等处理工艺于一体，经过添加各种配料的工艺流程，生产营养全面、可满足不同植物生产需求的有机肥。生产工艺流程如图1-1-1所示。

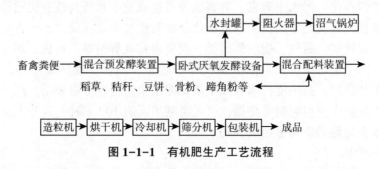

图1-1-1　有机肥生产工艺流程

2. 沼气池发酵技术

利用沼气池对牛场产生的粪尿进行发酵，产生沼气可以发电或者作为养殖场及周边的能源供应，是对粪污的一种能源化利用。沼气池的原理如图1-1-2所示。

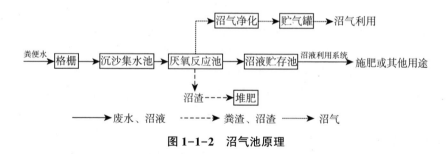

图 1-1-2 沼气池原理

3. 生物发酵养殖蚯蚓技术

养殖蚯蚓是一种利用生物消化、吸收、转化粪污的方法。粪污经过一定的发酵过程，在适宜的碳氮比例条件下，利用蚯蚓的消化系统，在蛋白酶、脂肪酶、纤维酶、淀粉酶的作用下，能迅速分解、转化成为自身或其他生物易于利用的营养物质，既可以生产优良的动物蛋白，又可以生产肥沃的生物有机肥。因此，用蚯蚓对有机废弃物进行处理被认为是行之有效的一种方法。

4. 高温堆积发酵技术

高温堆积发酵技术是一些中、小型牛场便于采用的奶牛粪便处理与利用的可行方法。运用高温堆积发酵技术，可以在较短的时间内使粪便减量、脱水、无害，处理效果很好。奶牛粪便经过堆积发酵，产生生物热，中心温度可达60℃，这一温度足以杀死草籽、虫卵和病原菌。高温堆肥发酵技术重点是对堆积粪便地点的地面进行防渗处理，粪便堆积后及时密封，也可以利用混合机将粪便和添加物质按一定比例进行混合，控制微生物活动所需的水分、酸碱度、碳氮比等。在厌氧环境条件下，借助厌氧微生物的作用，分解奶牛粪便及杂草种子等各种有机物，使堆料升温、除臭、降水，在短时间内达到矿质化和腐殖化的目的。高温堆积发酵技术具有：发酵时间短、营养成分全面、粪肥效力持久，处理设备占地面积小、管理维修方便、生产成本低、预期效益好的特点。

二、医疗垃圾与病死奶牛的无害化处置

（一）医疗垃圾、病死奶牛的概念

1. 医疗垃圾

所谓医疗垃圾就是指奶牛场在医疗、预防、保健以及其他相关活动中产生的具有直接或间接感染性、毒性以及其他危害性的废物，具体包括感染性、病理性、损伤性、药物性、化学性废物。即一次性针头针管、一次性塑料盘、输液袋、输液瓶、输液管、注射针、各种导流导液的胶皮管、带菌的纱布、纱

条、棉球以及各种病牛手术后的切除物等。兽用医疗垃圾含有大量的人畜共患病原菌或病毒，有时比人用医疗垃圾危险性还大。除了兽用医疗垃圾带有大量的危险性病原微生物外，一些残留的药物、药液还会对当地的水质、环境、药残、食品安全（动物误食、水产误食）等造成巨大的危害。特别是防疫用的疫苗（弱毒苗、灭活苗）的残留物散播将会导致更严重的后果，直接会导致免疫的失败或疫病的产生和流行。如不加强管理、随意丢弃，任其混入生活垃圾、流散到人们生活环境中，就会污染大气、水源、土地以及动植物，造成疾病传播。危及人类、动物、植物、微生物的安全，医疗垃圾特规定为一次性用品，不得重复使用，更不能流入民间再生利用。

2. 病死奶牛

病死奶牛即因病死亡的奶牛。死亡牛体内带有大量致病微生物，如不及时进行无害化处理，任其腐烂发臭，病原体会随水流、空气到处扩散，不仅污染环境，还容易引起人畜疫病大流行。

（二）医疗垃圾、病死奶牛处理的原则

医疗垃圾、病死奶牛处理有 6 个原则：消除污染，避免伤害的原则；统一分类收集、转运的原则；集中处置的原则；严禁混入生活垃圾排放的原则；在焚烧处理过程中要严防二次污染，必须达标排放的原则；病死动物尸体"四不一处置"原则。即对病死动物尸体一不宰杀、二不销售、三不食用、四不运输，并将病死动物尸体进行无害化处置。

（三）医疗垃圾、病死奶牛的处置方法

1. 医疗垃圾的处置方法

（1）化学处理方法　即是将医疗垃圾掩埋在深土中，利用微生物自然分解。但医疗垃圾在无光照和风蚀的情况下几百年也不易分解，因塑料、玻璃、橡胶、铝制品都属无机物质，单靠微生物自然分解是需要相当长的周期才能达到目的，还要引发土地土壤酸化板结、污染地下水资源、占用土地资源等诸多弊病，故掩埋方法是不科学的，不建议推广。

（2）专门机构收集统一处理　即专门处置医疗垃圾的机构将医疗垃圾统一收集、运输、集中处理。这样能解决很多分散的处理设施，减少污染源，节约能源，而且还能避免其混入生活垃圾内，对人体造成长期危害，这也是环保部门、动物卫生监督部门要求的。

（3）焚烧处理　即规模奶牛场购置焚烧炉，在牛场的下风口建立焚烧场对医疗垃圾及病死牛进行焚烧。高温焚烧处理能完全保证医疗垃圾的稳定化、安全化、减量化和无害化的环保要求，同时又符合当代医疗垃圾处置的发展趋势。

2. 病死奶牛的处置方法

病死畜禽的无害化处理要严格按照中华人民共和国《病死及死因不明动物处置办法》《病害动物和病害动物产品生物安全处理规程（GB 16548—2006）》进行操作处理。

（1）奶牛尸体运送　运送奶牛尸体和病害动物产品应采用密闭、不渗水的容器。装前卸后必须要消毒。

（2）焚毁法　将病死奶牛尸体及其产品投入焚化炉或用其他方式烧毁碳化，彻底杀灭病原微生物。

（3）掩埋法　选择远离学校、公共场所、居民住宅区、村庄、动物饲养和屠宰场所、饮用水源地、河流等地方进行深埋；掩埋坑底铺2厘米厚生石灰；掩埋前应对需掩埋的病害动物尸体和病害动物产品喷洒柴油进行焚烧处理；掩埋后需将掩埋土夯实。病死动物尸体及其产品上层应距地表1.5米以上；焚烧后的病害尸体表面和病害动物产品表面，以及掩埋后的地表环境应使用有效消毒药喷洒消毒。对污染的饲料、排泄物和杂物等物品，也应喷洒消毒剂后与尸体共同深埋。

第二章
奶牛品种与选择

第一节　奶牛品种

奶牛的品种有很多，我国很多奶牛品种也多是从国外引进。在国内，多数的奶牛品种还是依靠引进奶牛和本地牛进行的杂交种。

一、国内常见奶牛品种

1. 中国荷斯坦奶牛

我国饲养的奶牛以"中国黑白花奶牛"为主，于 1992 年更名为"中国荷斯坦奶牛"。该品种是利用引进国外各种类型的荷斯坦牛与我国的黄牛杂交，并经过了长期的选育而形成的一个品种，这也是我国唯一的奶牛品种。

中国荷斯坦奶牛多属于乳用型；具有明显的乳用型牛的外貌特征。全身清瘦，棱角突出，体格大而肉不多，活泼精神。后躯较前躯发达，中躯相对发达，皮下脂肪不发达，全身轮廓明显，前躯的头和颈较清秀，相对较小，从侧面观看，背线和腹线之间成一三角形，从后望和从前望也是三角形。整个牛体像一个尖端在前、钝端在后的圆锥体。乳牛的头清秀而长，角细有光泽。颈细长且有清晰可见的皱纹。胸部深长，肋扁平，肋间宽。背腰强健平直。腹围大而不下垂。皮薄，有弹性，被毛细而有光泽。

2. 三河牛

三河牛是一种十分良好的奶牛品种，也可做肉牛食用。产于内蒙古呼伦贝尔盟大兴安岭西麓的额尔古纳右旗三河。三河牛体格高大结实，肢势端正，四肢强健，蹄质坚实。有角，角稍向上、向前方弯曲，少数牛角向上。乳房大小中等，质地良好，乳静脉弯曲明显，乳头大小适中，分布均匀。毛色为红（黄）白花，花片分明，头白色，额部有白斑，四肢膝关节下部、腹部下方及尾尖为白色。

3. 新疆褐牛

新疆褐牛为乳肉兼用品种，自20世纪30年代起历经50多年育成。其母本为哈萨克牛，父本为瑞士褐牛、阿拉托乌牛，也曾导入少量的科斯特罗姆牛血液。其种群包括原伊犁地区的"伊犁牛"、塔城地区的"塔城牛"及疆内其他地区的褐牛。曾统称为"新疆草原兼用牛"，后于1979年全疆养牛工作会议上统一名称为"新疆褐牛"。1983年通过鉴定命名。

4. 草原红牛

草原红牛是吉林、内蒙古、河北、辽宁四省（区）协作，以引进的兼用短角公牛为父本，我国草原地区饲养的蒙古母牛为母本，历经杂交改良、横交固定和自群繁育3个阶段，在放牧饲养条件下育成的兼用型新品种。1985年通过农牧渔业部验收，命名为中国草原红牛。

以上4种奶牛是中国的奶牛品种，产奶性都不错，但只有第一种，也就是中国荷斯坦奶牛在我国较为常见，也是其中最好的一种奶牛品种。

二、我国引进的主要奶牛品种

1. 荷斯坦奶牛

该牛属于大型引入乳用品种，其因毛色为黑白花片、产奶量高而得名，其又因原产于荷兰滨海地区的弗里生省，而又被称为荷兰牛或弗里生牛。该牛的选育过程已有2 000多年，其历史悠久，早在15世纪即以产奶量高而驰名世界各地。

荷斯坦奶牛风土驯化能力极强，故其足迹遍布世界各地，经在各国长期的风土驯化（自然选择）和系统选育（人工选择），而演化或进化成了各具新特点、新特性的荷斯坦奶牛，所以各国均以其国名冠以荷斯坦奶牛，以示与原产地荷兰荷斯坦奶牛的区别。

我国除了从原产地荷兰引进之外，还更多从德国、美国、俄罗斯、加拿大和澳大利亚等发展地区引进，从而用这些国家的荷斯坦奶牛经过驯化也形成了中国荷斯坦奶牛。

2. 西门塔尔牛

该牛属于大型引入乳肉兼用品种，原产于瑞士，我国从20世纪初就开始不断地引进，先饲养在内蒙古呼伦贝尔盟的三河地区和滨州铁路沿线，后推广到全国各地。该牛对我国黄牛向乳肉兼用方向的改良曾起到很大作用。

西门塔尔牛适应性强，耐高寒、耐粗饲，寿命长，因此较受养殖户欢迎。在饲草条件不够充足的地区，用西门塔尔牛杂交改良我国当地牛时，杂交代数不宜过高，一般以 3~5 代为宜。

3. 短角牛

该牛属于中、小型引入乳肉兼用品种，其原产于英国英格兰东北部梯斯河流域，该流域气候温和，牧草繁茂，放牧条件优越。短角牛是由该地区的土种牛经杂交改良而育成。现已分布于世界各国，其中以美国、澳大利亚和新西兰等国为多。

4. 娟姗牛

娟姗牛是英国古老的中、小型乳用品种，原产地为英吉利海峡的娟姗岛。该品种早在 18 世纪已闻名于世，并被广泛地引入到欧美各国。该品种以乳脂率高、乳房形状好而闻名。19 世纪中叶以后便陆续地被引入我国各大城市郊区。目前，娟姗牛纯种牛及其杂交改良牛在我国为数不多。

5. 丹麦红牛

丹麦红牛原产于丹麦，为引入的大型乳肉兼用品种。

丹麦红牛杂交改良我国黄牛，杂交一代的体尺体重、产肉性能和产奶量均有提高。杂交二代的体尺体重、产肉性能和产奶量继续提高，杂交三代以上的体形外貌和生产性能与丹麦红牛非常相似。杂交改良的各代牛均具有抗寒、耐暑、耐粗、抗病等优点。

6. 瑞士褐牛

属引入的中、小型乳肉兼用品种，其原产于瑞士的阿尔卑斯山区。

7. 爱尔夏牛

爱尔夏牛原产于英国苏格兰西南部的爱尔夏岛，为英国古老的乳用品种之一。该品种是由荷兰牛、娟姗牛、更赛牛等同原产地的土种牛杂交选育而成。

8. 更赛牛

更赛牛原产于英国更赛岛，亦是英国古老的奶牛品种之一，与娟姗牛称为姐妹品种。更赛牛是由当地牛与法国的布列塔尼牛、诺曼底牛杂交选育而成。

第二节　牛体尺、体重测量与年龄鉴定

一、奶牛的体尺测量

为掌握牛的生长发育情况和各部位发育的协调性，需要进行体尺测量，并根据体尺测量的数据，矫正肉眼观察的错误。另外，根据体尺大小，综合判断牛的生产性能或生产方向。

在测量前应了解牛的年龄、胎次、泌乳月等情况。要求被测牛端正站立在宽敞平坦的场地，四肢直立，头自然前伸（颈线与背线趋于同一水平线），姿态自然，测量人员站在牛的左侧测量。体尺测量的项目及部位，由于测量目的的不同，测量部位可多可少。现将常用的体尺及测量部位和方法介绍如下。

1. 体高

鬐甲最高点到地面的垂直距离（测量工具：测杖）。

2. 十字部高

两腰角连线的中点到地面的垂直距离（测量工具：测杖）。

3. 尻高

尻部最高点到地面的垂直距离（测量工具：测杖）。

4. 体斜长

从肩端前缘至臀端（坐骨结节）后缘之间的距离（测量工具：可用测杖量取直线距离）。

5. 体直长（肉牛）

肩端前缘向下引的垂线与臀端向下引的垂线间的水平距离（测量工具：测杖）。

6. 胸围

肩胛骨后缘处体躯垂直周径，其松紧度以能插入食指和中指上下滑动为准（测量工具：卷尺）。

7. 腹围

腹部最粗部分的垂直周径，饱食后测量（测量工具：卷尺）。

8. 腿围（肉牛）

从右侧后膝前缘，在尾下绕胫骨间至对侧后膝前缘的水平距离（测量工具：卷尺）。

9. 胸宽

肩胛后角最宽处的水平距离（测量工具：圆形测定器）。

10. 坐骨宽

坐骨端处最大宽度（测量工具：圆形测定器）。

11. 胸深

鬐甲上端到胸骨下缘的垂直距离（测量工具：圆形测定器）。

12. 腰角宽

两腰角外缘间的水平距离（测量工具：圆形测定器）。

13. 尻长

从腰角前缘到臀端后缘的直线距离（测量工具：圆形测定器）。

14. 管围

前肢管部上 1/3 处的周径（测量工具：卷尺）。

奶牛体尺测量示意见图 1-2-1。

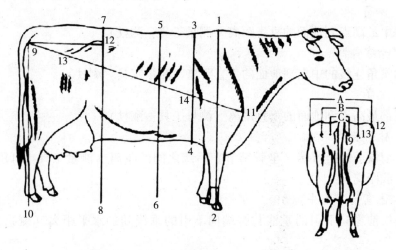

1~2：鬐甲高；3~4：胸围；5~6：背高；7~8：腰高；9~10：臀端高；

9~11：体斜长；9~12：尻长；13：坐髋；14：胸宽

A. 后躯宽；B. 髋宽；C. 臀端宽

图 1-2-1　奶牛体尺测量示意

二、奶牛的体重实测与估测

体重是发育的重要指标，特别是对种公牛、犊牛及育成牛尤为重要。母牛的体重应以泌乳高峰期的测定为依据，并应扣除胎儿的重量（怀胎7个月扣15千克，8个月扣20千克，9个月扣45千克）。

（一）直接称重法（实测法）

一般应用平台式地秤，使牛站在上面进行实测，或用杆秤，称重要求在早晨饲喂前挤奶后进行，连称2天，取其平均数。要求称重迅速准确，并做好记录。

（二）估测法

无地秤时，根据体尺测量数据进行估算。

6 ~ 12月龄乳用牛：体重（千克）= ［胸围（米）］^{2} × 体斜长（米）×98.7

16 ~ 18月龄乳用牛：体重（千克）= ［胸围（米）］^{2} × 体斜长（米）×87.5

初产至成年乳用牛：体重（千克）= ［胸围（米）］^{2}×体斜长（米）×90（乳用兼用牛参考）

三、奶牛的年龄鉴定

奶牛的年龄是奶牛经济价值和育种价值的重要指标，是进行饲养管理与繁殖配种的重要依据。在购买奶牛，或对育种资料不全的奶牛选种时，奶牛的年龄鉴定特别重要。在正规的奶牛场，奶牛的出生年月都有详细记录，很容易了解；对缺乏记录的奶牛，就要根据外貌、口齿、角轮等进行鉴别。奶牛年龄鉴定是养牛生产过程中的一项重要技能，特别在农村及育种工作制度还不健全的小规模奶牛场具有重要的实际意义。

（一）外貌鉴别法

年龄大的老牛，被毛无光泽，在黑色的花片中到处生出白色的刺毛，眼窝下陷，眼神不好，面部表情不活泼，营养、膘情较差，多数塌腰、凹背，肢易前踏；一般年老的牛比较清瘦，被毛粗硬，干燥无光泽，绒毛较少，皮肤粗硬无弹性，眼盂下陷，目光无神，举动迟缓，嘴粗糙，面部多皱纹，黑色牛眼角周围开始出现白毛，进而颈部、躯干部也出现，褐色、棕色、黄色牛躯体内侧、四肢及头部被毛变浅，体躯宽深。幼年牛头短而宽，眼睛活泼有神，眼皮较薄，被毛光润，体躯浅窄，四肢较高，后躯高于前躯，嘴细，脸部干净。

此法只能判断出牛的老幼，无法确定其确切的年龄，只能作为鉴定年龄时参考。

(二) 角轮鉴别法

犊牛生后两个月即出现角，此时长度约 1 厘米，以后直到 20 月龄为止，每月大约生长 1 厘米。母牛每次怀胎出现一个角轮，在 1.5 岁时配种，2.5 岁左右产犊，所以角轮数加 1.5，就是这个牛的年龄。如该牛流产或漏配时，角轮的间隔就会变宽。但由于母牛流产、饲料不足、空怀、疾病等原因，角轮的深浅、宽窄都不一样。如母牛在中途流产，角轮比正常产犊时要窄得多（在 4~5 个月流产，角轮平均宽为 0.5 厘米，在妊娠足月的情况下，则为 1.2 厘米）。母牛在不良的饲养条件下，则出现较浅的角轮，彼此汇合，不易辨别。如果空怀，则角轮间距极不规则，在最近妊娠期所形成的角轮距离上次妊娠期形成的角轮甚远。况且，母牛不一定保证每年产犊一次，有时会长于一年。另外，经常在草原上放牧的有角牦牛、黄牛，无论公母，出生后每经过一个寒冷枯草的冬季，因营养缺乏而影响角的生长，便形成一个角轮。

(三) 根据牙齿鉴别年龄

牛共有 32 个牙齿，其中门齿 8 个，臼齿 24 个。门齿也称切齿，生于下腭前方，上腭没有门齿。在下腭中央的一对门齿叫钳齿，其两边的一对叫内中间齿，再外边的一对叫外中间齿，最外边的一对叫隅齿。在门齿的两侧还有臼齿。在鉴别年龄时主要看乳门齿的发生、乳门齿换生永久齿的情况及永久齿的磨蚀程度。乳齿的特征是：齿小而薄，洁白，排列稀疏而不整齐。牛在 1.5~2 岁开始换生钳齿、2.5~3 岁换生内中间齿、3.5 岁换外中间齿、4.5 岁换隅齿，5 岁时牛所有乳门齿均换生为永久齿，并长齐，俗称"齐口"。

永久齿的特征是：齿大而较厚，微黄，排列紧密而整齐。牛的年龄大致等于永久门齿的对数加 1.5 岁，以后就要根据永久齿的磨蚀程度鉴定：5 岁隅齿开始磨蚀；6 岁钳齿齿面磨成月牙形或长方形；7 岁钳齿与内中间齿齿面磨成长方形，仅后缘留下一个燕尾小角；8 岁时钳齿齿面磨成四方形，燕尾小角消失；9 岁时钳齿出现齿星（齿髓腔被磨蚀成为圆形时称为齿星），内、外中间齿齿面磨成四方形；10 岁内中间齿出现齿星，钳齿磨成近圆形，全部门齿开始变短，且齿间开始出缝隙。以上适合奶牛、肉牛、黄牛的年龄鉴定，牦牛、水牛由于晚熟，切齿的更换和磨蚀特征的出现要比普通牛约迟 1 年，所以在鉴别年龄时，应根据上述牙齿的更换规律加 1 岁计算。

此外，牙齿的更换、磨蚀程度也受以下因素的影响。

1. 品种

早熟品种牛牙齿出生得早，更换得也早，磨损得也快。

2. 牙齿的坚硬程度

遗传上的个体差异。

3. 饲料的性质

经常采食粗糙低劣的饲料，牙齿的磨蚀就较快。

4. 营养与管理

牛营养条件的好坏，尤其与牙齿有关的钙、磷营养及镁、锰、氟等微量元素的平衡与否，对牙齿的状况有很大的影响。为了便于记忆，可称作：一岁半，一对牙；二岁半，二对牙；三岁半，三对牙；四岁半，四对牙；五岁口齐。

第三节　生产母牛选择

一、奶牛外貌百分评分法

奶牛体型外貌的优劣与生产性能密切相关，与奶牛健康状况亦有一定关系。生产实践证明，良好的体型外貌，特别是发育良好的乳房和肢蹄对提高产奶成绩十分重要。奶牛体型外貌的评定方法有两种，即评分鉴定和测量鉴定，为获得准确的评定结果，可将二者结合使用。

（一）奶牛的体型外貌特点

乳用牛外貌特点是体格高大，皮薄骨细，血管显露，被毛短细有光泽，肌肉不发达，皮下脂肪沉积少，全身细致紧凑而清秀，后躯和乳房十分发达。

从前面看，由鬐甲顶点分别向左右两肩作直线，构成一个三角形。表示鬐甲和肩部肌肉不多，胸廓宽阔，肺活量大。

从侧面看，由背线向乳房腹线的连线相关构成一个三角形。表示奶牛前躯浅、后躯深，消化系统、生殖器官和泌乳系统均发育良好，产奶量高。

从上面看，由鬐甲分别向左右两腰角作直线，构成一个三角形，表示后躯宽大，发育良好。

1. 头颈

以鬐甲和肩端的连线与躯干部分界。头部以枕骨脊为界与颈部相连。奶牛头较狭长，清秀细致。头的长短是指头长与体长的百分比而言，超过34%为长头，不足26%为短头。奶牛耳宜薄，毛细，血管明显。额宜宽，以示脑部发育良好。眼宜大而圆，眼睛灵活、明亮、温和，显示健康和温顺。要求鼻孔大，鼻镜宽，嘴宽口裂深。颈部与头和躯干部的连接要自然，结合部位不应有明显的凹陷，颈宜薄、长而平直，颈长为体长的30%左右，两侧有较多的细微波纹。

2. 躯干

鬐甲要求长平而较窄，与背线呈水平状态，以显示奶牛的生产性能和健康状况。尖鬐甲为胸部发育不良，双鬐甲为胸部发育过度。肩要平整，不向外，向前过于突出。胸部要求深而宽，胸深应为体高的1/2以上，肋间距离，长而开张，如胸部容积较小，显示心肺发育不良。背腰部要求长直而宽，背与体质强弱及生产性能密切相关。凹背、凸背、波浪背、窄背均为严重缺陷。奶牛腹部要求宽深，大而圆，腹线与背线平直，腹部与生产性能关系密切，卷腹、垂腹均为缺陷。尻部要求长、宽、平、方，两腰角距离要宽，尻部与生产性能和繁殖性能密切相关，与乳房的发育也有密切的关系，长、平、宽的尻是好的表现。

母牛阴唇应发育良好，要求外形正常，阴户大而明显，尾宜垂直，尾帚宜细长，要求超过飞节。公牛2个睾丸要对称，睾丸直径要宽，大小长短要求一致，附睾发育良好，包皮要求整洁。

3. 乳房

对奶牛来说，有一个发育良好的标准乳房是最重要的。乳房要求容积大，呈方圆形，底线平坦，乳腺发达，柔软并富有弹性，四乳区发育匀称，前伸后延，附着良好。表现具有薄而细的皮肤，短而稀的细毛，弯曲而明显的乳静脉，宽而大的乳镜（乳房后面沿会阴向上夹于两后肢之间的稀毛区），粗而深的乳井（乳静脉从胸腹部进入胸腔的孔道）。乳房腺体组织发育好，这样的乳房挤奶前后形状变异较大，是理想的腺质乳房。具体要求4个乳头距离应均匀，宜宽，大小适中，垂直呈柱形。乳静脉左右2条，是乳房血液沿腹部下方向心脏回流的主要管道，乳静脉应粗大，弯曲，分枝多，要求明显可见。乳井要求粗大而深，其大小是乳静脉大小的标志，乳镜宜宽大。

4. 肢蹄

由于母牛生殖器官、乳房均在后躯，因此后肢比前肢更加重要。要求前肢要遮住后肢，两前肢的腕关节与两后肢的膝关节不应靠近，两后肢间距离宽，"X""O"状肢势是严重缺陷。四肢各个关节要求结实，轮廓明显，结构匀称，筋腱发育良好，系部有力，蹄形正、蹄质坚实，蹄底呈圆形，无裂缝。

奶牛的外貌特征与其生理机能是协调的，凡具备体型高大，乳用特征明显，消化、生殖、泌乳器官发达的奶牛，理应能吃、能喝、能产奶。因此，在进行奶牛选育时，应注意任何一个不协调因素对奶牛生产性能的影响，尤其是高产奶牛，更应注意。

（二）奶牛体型外貌评定的方法

根据奶牛各部位的相对重要性给予一定的分数。总分100分，制成评分表，鉴定人员依表对奶牛进行系统的外貌鉴定。鉴定时，人与奶牛保持5~8米的距离，从前、侧、后不同的角度，观察奶牛体型，再令其走动，再走进牛体，对各部位进行细致审查、分析，评出分数，最后汇总，按登记评分标准，确定等级。我国评分标准按国家质量监督检验检疫总局、国家标准化管理委员会发布的GB/T 3157—2008标准进行，主要内容见表1-2-1。

表1-2-1　中国荷斯坦奶牛外貌评分标准

项目	细目与评满分标准要求	标准分
一般外貌与乳用特征	1. 头、颈、鬐甲、后大腿等部位棱角和轮廓明显	15
	2. 皮薄而有弹性，毛细而有光泽	5
	3. 体格高大而结实，各部位结构匀称，结合良好	5
	4. 黑白花毛色，界线明显，花片分明	5
	小计	30
体躯	5. 中躯：长、宽、深	5
	6. 胸部：肋骨间距宽，长而开张	5
	7. 背、腰平直	5
	8. 腹大而不下垂	5
	9. 后躯：尻长、平、宽	5
	小计	25
泌乳系统	10. 乳房形状好，向前后延伸，附着紧凑	12
	11. 乳腺发达、乳房质地柔软而有弹性	6
	12. 四乳区匀称，前乳区中等长，后乳区高、宽而圆，乳镜宽	6
	13. 乳头大小适中，垂直呈柱形，间距匀称	3
	14. 乳静脉弯曲而明亮，乳井大，乳房静脉明显	3
	小计	30
肢蹄	15. 前肢结实，肢势良好，关节明显，蹄质坚实，蹄底呈圆形	5
	16. 后肢结实，肢势良好，左右两肢间宽，系部有力，蹄形正，蹄质坚实，蹄底呈圆形	10
	小计	15
	总计	100

奶牛的外貌评定，一般要求在产后第3个月到第5个月期间进行。外貌评分结果，按其得分情况划分为4个等级，即特等、一等、二等、三等。即80

分以上为特等，75～79 分为一等，70～74 分为二等，65～69 分为三等；公牛 85 分以上为特等。

公母牛的乳房、四肢和体躯，其中有一项明显生理缺陷者不能评为特级，有两项者不能评为一级，有三项者不能评为二级。良种母牛，凡乳房、四肢、尻部和中躯四个部位中其中一项有明显外貌缺陷者，不予以等级。

二、生产母牛选择

生产母牛主要根据其本身表现进行选择，包括：产乳性能、体质外貌、体重与体型大小、繁殖力（受胎率、胎间距等）及早熟性和长寿性等性状。最主要的是根据产乳性能进行评定，选优去劣。产奶量：要求成母牛产奶量要高，根据母牛产奶量高低次序进行排队，将产奶量高的母牛选留，产奶量低的淘汰。

因为头胎母牛产奶量和以后各胎次产奶量有显著正相关，所以，从头胎母牛产奶量即可基本确定牛只生产性能优劣，对那些产奶量低、产奶期短的母牛应及时淘汰。以后各胎次母牛，除产奶因素外，有病残情况的应淘汰。乳的品质：除乳脂率外，近年不少国家对乳蛋白率的选择也很重视。

由于乳脂率的遗传力为 0.5～0.6，乳蛋白率的遗传力为 0.45～0.55，非脂固体物亦为 0.45～0.55，可见这些性状的遗传力都较高，通过选择容易见效。而且乳脂率与乳蛋白含量之间呈 0.5～0.6 的中等正相关，与其他非脂固体物含量也呈 0.5 左右的中等正相关。这表明，在选择高乳脂率的同时，也相应地提高了乳蛋白及其他非脂固体物的含量，达到一举两得之功效。但在选择乳脂率的同时，还应考虑乳脂率与产奶量呈负相关，二者要同时进行，不能顾此失彼。繁殖力：就奶牛而言，繁殖力是奶牛生产性能表现的主要方面之一。因此要求成母牛繁殖力高、产犊多。

对那些有繁殖障碍且久治不愈的母牛，也应及早处理。饲料转化率是奶牛的重要选择指标之一。在奶牛生产中，通过对产奶量直接选择，饲料转化率也会相应提高，可达到直接选择 70%～95% 的效果。排乳速度：排乳速度多采用排乳最高速度（排乳旺期每分钟流出的奶量）来表示。排乳速度快的牛，有利于在挤奶厅中集中挤奶，可提高劳动生产率。前乳房指数：指前乳房泌乳量占前后乳房泌乳总量的比例。前乳房指数反映 4 个乳区的均匀程度。在一般情况下，母牛后乳房一般比前乳房大。初胎母牛前乳房指数比 2 胎以上的成年母牛大。据瑞典研究，前乳房指数的遗传力为 0.32～0.76，平均为 0.5。在生产中，应选留前乳房指数接近 50% 的母牛。泌乳均匀性的选择：产奶量高的母牛，在整个泌乳期中泌乳稳定、均匀，下降幅度不大，产奶量能维持在很高的水平。这种母牛所生的后代公牛，在育种上具有特别重要的意义。因为它在一定程度上能将此特性遗传给后代（遗传力为0.2）。故泌乳均匀性的选择对乳牛具有一定意义。乳牛在泌乳期中泌乳的均匀性，一般可分为以下3个类型。①剧降型：这一类型的母牛产奶量低，泌乳期短，但最高日产量较高。一般从分娩后2~3个月泌乳量开始下降，而且下降的幅度较大；大约最初3个月产奶量为305天总产奶量的46.4%；第四、五、六月为29.8%；以后几个月为23.8%。②波动型：这一类型牛泌乳量不稳定，呈波动状态。最初1、2两泌乳月内泌乳量很高；3、4两泌乳月变低；5、6两泌乳月又升高，尔后又下降。此类型牛产奶量也不高，繁殖力也较低，适应性差，不适宜留作种用。③平稳型：本类型牛在牛群中最常见，泌乳量下降缓慢而均匀，产奶量高。一般在最初3个月泌乳量为总产奶量的36.6%；第四、五、六3个泌乳月为31.7%；最后几个月为31.7%。这一类型牛健康状况良好，繁殖力也较高，可留作种用。

第四节　种公牛选择

种公牛占牛群生产的一半因素，因此，绝不要选择质量差的种公牛。同样，价格高的种公牛也不一定能保证种公牛的性能就好。牛育种人员应该全面地评估一头种公牛的性能，而不要单一地看种公牛的优良性能或一味追求当前养牛业的热门趋势。

种公牛的选择是为了提高牛群的整体遗传性能，增加牛群的总体质量，使牛群中所有的牛都拥有种公牛的优秀基因。在决定购买种公牛之前，需要确定今后牛群的发展方向是什么，是向偏瘦肉方向发展还是要生产较肥的肉牛，需要犊牛的初生重大还是小。牛群今后的发展方向不同，需要选择的种公牛品种也不同。

一头优秀的种公牛可以繁育出生长潜力很高的后代。优秀的种公牛后代产肉量更高，无论是活牛还是屠宰后的牛肉在牛市上售价更高。另外，优秀的种公牛所生的后代具有难产率低、生长速度快、胴体质量高和后代母牛性状高等特点，后期养牛的利润也高。

牛育种人员必须在购买种公牛前做大量细致的研究工作，因为种公牛的选择对牛群的发展至关重要，目前种公牛的选择主要从两个方面进行。

一、视觉评估

优秀种公牛的雄性特征评定分为5点：一是睾酮影响骨骼的生长。当一头公牛性成熟时，骨骼生长停止。而对阉牛和生长不良的公牛来说，因为体内缺少睾酮，从而延迟了它们骨化的过程，尤其是影响牛体前半段的骨化；二是牛的毛皮也受激素的影响。粗糙的毛发是雄性特征的标记。当选择种公牛时，看公牛的脖颈上及肩甲骨上的毛是否光泽、密实。优秀种公牛在脖子、肩甲、小腿上部、肋骨末梢及大腿处的毛发颜色较深，毛发有光泽。这些地方皮脂分泌旺盛，可以帮助控制体外寄生虫。脊柱上的毛发应光滑、呈蜡状，当种公牛变老时，牛皮应松弛，毛发光泽变暗，牛皮张紧，预示公牛的性欲也减低。种公牛变老时的毛发特征也会发生在发高烧的公牛及营养过剩的公牛上；三是优秀种公牛的肌肉应轮廓清晰，显而易见。肌肉和脂肪间分界明显；四是如果公牛的睾丸过于肥大，就不能很好地处于阴囊里，这就会导致睾酮分泌减少，而使公牛变得更加肥胖。低繁殖力公牛的脂肪分布类似于低生育力母牛和阉牛的脂肪分布；五是健康的种公牛应该警惕性很高，并且密切注意周围的环境。

另外，种公牛本身的身体健康情况非常重要。要知道公牛的历史背景和检疫情况。购买年龄较大的种公牛时要保证种公牛没有任何可传播的疾病。这需要由兽医检查种公牛有没有可传播的疾病，如结核病、布氏杆菌病或弧菌病等。

种公牛的身体结构对母牛是否能良好受孕有较大影响，因此要检查种公牛的牛蹄和腿部结构是否匀称，以及种公牛的肌肉分布情况，这些都是对产犊难易度有影响的因素。

挑选种公牛时，体重不能过大或过小。一般要求两年的种公牛体重至少达到590千克。种公牛的初生重不能太高，初生重高于40千克的种公牛其后代经常发生难产现象。

二、后裔鉴定

好的公牛来源于优秀的母牛。在购买用于种群繁育的种公牛前，需要研究种公牛的母亲是否优秀，这可以判定种公牛是否真正的优秀。但是，即使其母亲健康优秀，对种公牛仍然需要评估。首先需要评估其繁殖性状，这包括种公牛的体型外貌鉴定和公牛精子质量检测，因此一定要购买具有繁殖保证的种公牛。

在选择一头好的种公牛前，应该查看种公牛的父母亲以及与其有亲缘关系的牛的性能是否优秀。不要选择其父母亲或其同辈牛有遗传缺陷或性能弱的种公牛。选择种公牛时大体上考虑以下几点：种公牛的后代没有难产现象；后代生长潜力大；后代形态结构均匀。

要注意种公牛是否有遗传缺陷，有遗传缺陷的种公牛对母牛群会产生不利的影响。几乎每个牛品种或多或少都有 1~2 个遗传缺陷，生产者需要研究种公牛的血统记录来确定种公牛有没有遗传缺陷，或者购买已经做过 DNA 测定的种公牛。

在选择种公牛时育种员也需要研究种公牛预期的后代差异（EPDs），包括产犊难易度、生长性状、母牛产奶和胴体性状等，这些都能影响牛群的质量。

不要对种公牛只进行单一性状的选择，而要对种公牛的多个性状进行选择来提高牛群的整体质量。如果把小母牛作为后备母牛，那么母牛产犊难易度和母牛产奶性状就变得非常重要。犊牛断奶重和一周龄体重等生长性状对后期产肉量也有较大影响。而胴体性状如大理石花纹、背脂厚度和眼肌面积对牛肉质量起着主要的作用。

一些种公牛产生的精子比其他种公牛的精子质量更高，使母牛更易怀孕，因此，对公牛精液先做些分析，调查清楚应用这些精液的母牛怀孕情况是否理想，产生的后代性能是否优秀再决定是否使用。

第三章
奶牛繁殖技术

第一节　奶牛的发情鉴定

在奶牛的生产繁殖过程中，发情鉴定是很重要的一个环节。奶牛准确发情鉴定和适时配种输精，可以提高母牛受胎率。通过发情鉴定，可以判断母牛的发情是否正常，如果发情不正常，就要考虑母牛生殖或是其他疾病引起的发情异常，并且通过诊断就能及时得到有效治疗，从而进一步促进母牛的发情配种，提高母牛的繁殖力。另外如果母牛发情鉴定不准确，就会出现母牛配种时间出现差错，这样不仅对母牛繁殖有不利的影响，还会浪费资源。所以做好母牛的发情鉴定，是牛繁殖生产过程中不可缺的重要一步。只有掌握母牛的发情鉴定技术，才能对母牛加紧配种，抓住配种时机，因此正确判断母牛发情及发情所处的阶段，是母牛繁殖第一关键技术。

一、外部观察法

（一）发情前期

发情前期，母牛兴奋不安，运动场上来回走动，时常哞叫，到处去爬跨其他牛，不愿意其他牛的爬跨，阴门开始肿胀，并且流少量黏液，母牛频频排尿。

（二）发情期

发情期的母牛，食欲减退，泌乳量下降，活动量增加、拱背举尾，接受其他牛的爬跨。母牛子宫颈开放，而且有大量黏液从阴门排出，液体呈透明状态。

（三）发情后期

母牛变得安静，没有发情症状，从阴门流出的黏液逐渐变稠，混有少量白色黏液，牵缕性差。此时期母牛不愿意接受爬跨。

（四）发情末期

母牛发情症状消失，拒绝其他牛爬跨，黏液呈乳白色或浅黄色。

二、阴道检查法

母牛阴道检查法，就是应用开膣器，借助光源检查阴道的黏膜、色泽、黏液性及子宫颈口的开张情况，来判断母牛发情的方法。

（一）检查方法

① 做好母牛的保定，然后用0.1%的高锰酸钾消毒母牛的外阴部位。

② 把用来检查的开膣器清洗好并且消毒干净，然后涂上润滑油。

③ 左手打开母牛的阴门，右手持开膣器，插入母牛的阴道，直至顶端，横转开张，然后进行检查。

（二）阴道和子宫颈的变化

① 发情初期，插入开膣器，发现阴道的子宫颈黏膜充血、肿胀、潮红，附有少量黏液，子宫颈口有点开张。

② 发情期，子宫颈开口较大，黏膜充血、肥大，腺体分泌增多。子宫颈口完全开张，有大量的黏液流出。

③ 发情末期子宫黏膜变薄，腺体变小、黏液变少。

三、直肠检查法

母牛通过直肠检查，可以检查母牛的卵泡大小，及其卵泡的发育情况，才断定母牛是否发情。

（一）准备

保定好母牛，做好母牛阴门外部的消毒。检查者剪好指甲，备好手套，涂抹润滑油等。

（二）检查方法

检查者五指并拢，用石蜡油润滑后，插入母牛肛门，掏好粪便，就可以进行直肠检查。用手寻找和触摸卵巢，仔细触摸卵巢的大小、质地、卵泡的发育情况，断定母牛所处的发情时期。

牛的卵泡变化可以分为以下 4 期。

1. 卵泡出现期

卵巢稍微增大，触摸表面有一点凸起的软化点，体积不大，泡膜厚，无波动。此期是发情初期，一般不配种。

2. 卵泡发育期

触摸卵巢体积增大，直径在 0.5~1.2 厘米，呈球型，豆粒大小，波动不明显。此期由发情显著到逐渐减弱，一般不配种。

3. 卵泡成熟期

卵泡体积不增大，卵泡皮变薄，表皮紧张，凸起充盈，手摸有一触即破之感。发情症状由微弱到消失，此期必须立即配种。

4. 排卵期

卵泡破裂，排出卵子，卵泡皮松软呈皮状，并形成一个小的凹陷，排卵后 6~8 小时即形成黄体，并突出于卵巢表面。此时摸不到卵巢的表面凹陷，此期不能配种。

四、母牛发情鉴定注意事项

在母牛发情鉴定时，应该注意从母牛阴门里流出的黏液颜色，如果是暗红或紫色，那就证明是子宫内膜炎，必须经过子宫治疗恢复后才能配种。

母牛发情的时间，与母牛的品种、健康、营养、个体差异、季节变化等方面有关。应该做好记录，获取详细的发情资料，然后进行调整，找出其规律，使得母牛发情正常，来提高母牛的受胎率。

第二节　奶牛的人工授精技术

一、人工授精的优点

牛的配种方法可分为自由交配、人工辅助交配和人工授精 3 种。目前，很多地方采用冷冻精液人工授精的配种方法。

奶牛人工授精，可以克服母牛生殖道异常不易受孕的困难。使用人工授精可提供完整的配种记录，有助于分析母牛不孕的原因，帮助提高受胎率。由于精液可以保存，尤其是冷冻精液保存的时间很长，可以将精液运输到很远的地方，因此，公、母牛的配种可以不受地域的限制，尤其是优秀种公牛的精液，如果输送到很远的地方，可以有效地解决种公牛质劣地区的母牛配种问题。

人工授精可以大幅度提高种公牛的配种效率，特别是在使用冷冻精液的情况下，在自然交配状态下，1头公牛一年可负担40~100头母牛的配种任务，而采用人工授精，1头公牛每年可配母牛3 000头以上，甚至可配上万头母牛。人工授精可以选择最优秀的种公牛用于配种，充分发挥其性能，达到迅速改良牛群的目的，同时相应减少了种公牛的饲养数量，有效节约饲养管理费用。人工授精可以防止自然交配引起的疾病传播，特别是生殖道传染病的传播，而每次人工授精前都要进行发情鉴定和生殖器官检查，对阴道炎、子宫内膜炎及卵巢囊肿等疾病而言，可以做到及早发现、及时治疗。人工授精时，使用的都是合乎要求的精液，通过发情鉴定正确掌握输精时间，并且会把精液直接输送到子宫颈内，这样能保证较高的受胎率。在自然交配情况下，如果使用体型大的肉牛改良体型小的肉牛时，往往会出现体格相差太大不易交配的困难，使用人工授精，则不会有这样的情况出现。

当然，人工授精必须使用经过后裔鉴定的优良种公牛。假如使用遗传上有缺陷的公牛，造成的危害范围比本交会更大；同时，人工授精要求严格遵守操作规程、严格进行消毒，还必须有技术熟练的操作人员。

二、人工授精的方法

1. 输精技术

奶牛人工授精技术可分2类共3种方法：第一类为冷冻精液人工授精技术；第二类为液态精液人工授精技术。其中，液态精液人工授精又分为2种方法，第一种是鲜精或低倍稀释精液［1：（2~4）］人工授精技术，一头公牛一年可配母牛500~1 000头，比用公牛本交进步10~20倍，用这种技术，将采出的精液不稀释或低倍稀释，立刻给母牛输精，适用于母牛季节性发情较显著而且数量较多的地区；第二种是精液高倍稀释［1：（20~50）］人工授精技术，一头公牛一年可配种母牛10 000头以上，比本交进步200倍以上。

2. 输精时间

（1）初次输精　母牛体成熟比性成熟晚，通常育成母牛的初次输精（配种）适龄为18月龄，或达到成年母牛体重的70%（300~400千克）为宜。

（2）产后输精　通常在产后60天左右开始观察发情表现，经鉴定，若发情正常，即可以配种。但也有产后35~40天第一次发情正常的，遇到类似的情况也可以配种，这样可缩短产犊间隔时间，提高繁殖率。

（3）适时输精　由于母牛正常排卵是在发情结束后 12~15 小时，所以，输精时间安排在发情中期至末期阶段比较适宜。第一次输精时间应视发情表现而定：上午 8:00 以前发情的母牛，在当日下午输精；8:00 至 14:00 发情的母牛，在当日晚上输精；14:00 以后发情的母牛，在翌日早晨输精。第一次输精后，间隔 8~12 小时进行第二次输精。

3. 操作步骤

（1）输精技术　输精的操作技术通常有 2 种，即阴道开张法和直肠把握法。

阴道开张法需要使用开腟器。将开腟器插入母牛阴道内打开，借助反光镜或手电筒光线，找到子宫颈外口，将输精器吸好精液，插入到子宫颈外口内 1~2 厘米，注入精液，取出输精器和开腟器。阴道开张法的优点是操作的技术难度不大，缺点则是受胎率不高，目前已很少使用。

目前，生产中主要采用直肠把握法进行子宫颈输精。把母牛保定在配种架内（已习惯直肠检查的母牛可在槽上进行），将牛尾巴用细绳拴好拉向一侧。术者一手戴产科手套，涂抹皂液，将手臂伸入直肠内，掏出粪便，然后清洗消毒外阴部，擦干，用手在直肠内摸到子宫颈，把子宫颈外口处握在手中，另一手持已装好精液的输精枪，从阴门插入 5~10 厘米，再稍向前下插入到子宫颈口外，两手配合，让输精器轻轻插入子宫颈深部（经过 2~3 个皱褶），随后缓慢注入精液，然后缓慢抽出输精枪。操作时动作要谨慎，防止损伤子宫颈和子宫体，在输精操作前，要确定是空怀发情牛，否则会导致母牛流产。输精结束后，先将输精枪取出，直肠里的手按压子宫颈片刻后再取出，然后再轻轻按摩阴蒂数秒钟。

（2）输精深度　试验结果表明，子宫颈深部、子宫体、子宫角等不同部位输精的受胎率没有显著差别，子宫颈深部输精的受胎率是 62.4%~66.2%，子宫体输精的受胎率是 64.6%~65.7%，子宫角输精的受胎率是 62.6%~67%。输精部位并非越深越好，越深越容易引起子宫感染或损伤，所以，采取子宫颈深部输精是安全可靠的方法。

（3）输精数量　输精量一般为 1 毫升。新鲜精液一次输精含有精子数 1 亿个以上。冷冻精液输精量，安瓿和颗粒均为 1 毫升，塑料细管以 0.5 毫升或 0.25 毫升较多。要求精液中含前进运动精子数 1 500 万~3 000 万个。

4. 正确解冻

冷冻精液需要贮存在 -196℃ 的液氮罐中。当从贮存冷冻精液的液氮中取出冷冻精液时，应将冷冻精液迅速解冻。解冻用 38℃ 的热水。先将杯中或盒内的水温调节在38℃，然后用镊子（要先预冷）夹出细管冻精，迅速竖放或平放埋入热水中，并轻微摇荡几下，待冻精溶解（约30秒钟）后取出，用药棉擦干细管外壁，用消毒剪刀剪去封口端，活力镜检合格后，方可用于输精。

注意：液氮罐应放在阴凉处，室内要通风，注意不要用不卫生工具污染液氮罐内，及时补充液氮，保证液氮面的高度应高于贮存的冻精，最好将精液沉至罐底。冷冻精液取出后应及时盖好罐塞，为减少液氮消耗，罐口可用毛巾围住。取冻精的金属镊子用前需插入液氮罐颈口内先预冷1分钟。从液氮罐中取冷冻精液时，提筒不能高于液氮罐口，应在液氮罐口水平线下，停留时间不应超过5秒钟，需继续操作时，可将提筒浸入液氮后再提起。

第三节　奶牛的妊娠诊断

在母牛的繁殖管理中，妊娠诊断尤其是早期妊娠诊断，是保胎、减少空怀、增加产奶量和提高繁殖率的重要措施。经妊娠诊断，确认已怀孕的母牛，应加强饲养管理；而对于未孕母牛，则要注意再发情时的配种和对未孕原因进行分析。在妊娠诊断中，还可以发现某些生殖器官的疾病，以便及时治疗；对屡配不孕的母牛，则应及时淘汰。

虽然妊娠诊断方法很多，但目前应用最普遍的还是外部观察法和直肠检查法。

一、外部观察法

母牛怀孕后，表现为发情停止，食欲和饮水量增加，营养状况改善，毛色润泽，膘情变好，性情变得安静、温顺，行动迟缓，常躲避角斗或追逐，放牧或驱赶运动时，常落在牛群之后。怀孕中后期，腹围增大，腹壁一侧突出，可触到或看到胎动。育成牛在妊娠4~5个月后，乳房发育加快，体积明显增大；妊娠8个月以后，右侧腹壁可见到胎动。经产牛乳房常常在妊娠的最后1~4周才明显肿胀，在妊娠的中后期，外部观察才能发现乳房明显的变化。外部观察法的最大缺点，是不能早期确定母牛是否妊娠，因此，外部观察法只能作为辅助的诊断方法。

二、直肠检查法

直肠检查法是判断母牛是否妊娠和妊娠时间最常用最可靠的方法，可用于母牛早期妊娠诊断，一般在妊娠2个月左右就可以做出准确诊断，准确而快速，在生产实践中普遍应用。直肠检查法的诊断依据，是妊娠后母牛生殖器官的一些变化，在诊断时，对这些变化要随妊娠时期的不同而有所侧重，如：妊娠初期，主要检查子宫角的形态和质地变化；30天以后以胚泡的大小为主；中后期则以卵巢、子宫的位置变化和子宫动脉特异搏动为主。在具体操作中，探摸子宫颈、子宫角和卵巢的方法与发情鉴定相同。

1. 检查方法

未妊娠母牛的子宫颈、子宫体、子宫角及卵巢均位于骨盆腔；经产牛有时子宫角可垂入骨盆腔入口前缘的腹腔内，会出现两角不对称的现象；未孕母牛两侧子宫角大小相当，形状相似，向内弯曲，如绵羊角。

触摸子宫角时有弹性，有收缩反应，角间沟明显，有时卵巢上有较大的卵泡存在，说明母牛已开始发情。

妊娠20~25天，排卵侧的卵巢上有突出于表面的妊娠黄体，卵巢的体积大于另一侧。两侧子宫角无明显变化，触摸时感到壁厚而有弹性，角间沟明显。

妊娠30天，两侧子宫角不对称，孕角变粗、松软、有波动感，弯曲度变小，而空角仍维持原有状态。用手轻握孕角，从一端滑向另一端，有胎泡从指间滑过的感觉。若用拇指和食指轻轻捏起子宫角，然后放松，可感到子宫壁内似有一层薄膜滑开，这就是尚未附植的胎膜。技术熟练者，还可以在角间韧带前方摸到直径为2~3厘米的豆形羊膜囊。此时，角间沟仍较明显。

妊娠60天，孕角明显增粗，相当于空角的2倍大小，孕角波动明显。此时，角间沟变平，子宫角开始垂入腹腔，但仍可摸到整个子宫。

妊娠90天，子宫颈前移至耻骨前缘，子宫开始沉入腹腔，子宫颈被牵拉至耻骨前缘，孕角大如婴儿头，波动感明显，有时可摸到胎儿，在胎膜上可摸到蚕豆大的胎盘子叶。孕角子宫颈动脉根部开始有微弱的震动。此时角间沟已摸不清楚，空角也明显增粗。

妊娠120天，子宫及胎儿全部沉入腹腔，子宫颈已越过耻骨前缘，一般只能触摸到子宫的局部及该处的子叶，如蚕豆大小。子宫动脉的特异搏动明显。此后直至分娩，子宫进一步增大，沉入腹腔，甚至可达胸骨区，子叶逐渐增大如鸡蛋；子宫动脉两侧都变粗，并出现更明显的特异搏动，用手触及胎儿，有时会出现反射性的胎动。

寻找子宫动脉的方法，是将手伸入直肠，手心向上，贴着骨盆顶部向前滑动。在岬部的前方，可以摸到腹主动脉的最后一个分支，即髂内动脉，在左右髂内动脉的根部各分出一支动脉，即为子宫动脉。通过触摸此动脉的粗细及妊娠特异搏动的有无和强弱，就可以判断母牛妊娠的大体时间段。

2. 值得注意的问题

（1）注意技术要领 母牛妊娠2个月之内，子宫体和孕侧子宫角都膨大，胎泡的位置不易掌握，触摸感觉往往不明显，初学者感觉很难判断，必须经过反复实践，才能掌握技术要领。

（2）找准子宫颈 妊娠3个月以上，由于胎儿的生长，子宫体积和重量的增大，使子宫垂入腹腔，触摸时，难以触及子宫的全部，并且容易与腹腔内的其他器官混淆，给判断造成困难。最好的方法是找到子宫颈，根据子宫颈的所在位置以及提拉时的重量，判断是否妊娠并估计妊娠的时间。

（3）注意双胞胎 牛怀双胎时，往往双侧子宫角同时增大，在早期妊娠诊断时要注意这一现象。

（4）注意假发情 注意部分母牛妊娠后的假发情现象。配种后20天左右，部分母牛有发情的外部表现，而子宫角又有孕象变化，对这种母牛应做进一步观察，不应过早做出发情配种的决定。

（5）注意子宫疾病 注意妊娠子宫和子宫疾病的区别。因胎儿发育所引起的子宫增大，有时在形态上与子宫积脓、子宫积液很相似，也会造成子宫下沉现象，但积脓、积水的子宫，提拉时有液体流动的感觉，脓液脱水后是一种面团样的感觉，而且也找不到胎盘子叶，更没有妊娠子宫动脉的特异搏动。

三、阴道检查法

肉牛怀孕后，阴道黏液的变化较为明显，该方法主要根据阴道黏膜色泽、黏液、子宫颈等来确定母牛是否妊娠。母牛怀孕3周后，阴道黏膜由未孕时的淡粉红色变为苍白色，没有光泽，表面干燥，同时阴道收缩变紧，插入开膣器时有阻力感。怀孕1.5~2个月，子宫颈口附近有黏稠的黏液，量很少，3~4个月后量增多变为浓稠，灰白或灰黄色，形如浆糊。妊娠母牛的子宫颈紧缩关闭，有浆糊状的黏液块堵塞于子宫颈口，这就是子宫颈塞（栓）。子宫颈塞（栓）是在妊娠后形成的，主要起保护胎儿免遭外界病菌侵袭的作用。在分娩或流产前，子宫颈扩张，子宫颈塞溶解，并呈线状流出。所以，阴道检查对即将流产或分娩的牛来说是很有必要的，可以及时发现症状，以便于采取有效的应对措施；而对于检查妊娠，虽然也有一定的参考价值，但却不如直肠检查准确。

四、其他诊断方法

1. 超声波诊断法

超声波诊断法，是利用超声波的物理特性和不同组织结构的特性相结合的物理学诊断方法。国内外研制的超声波诊断仪有多种，是简单而有效的检测仪器。目前，国内试制的有两种：一种是用探头通过直肠探测母牛子宫动脉的妊娠脉搏，由信号显示装置发出的不同声音信号，来判断母牛妊娠与否。另一种，探头自阴道伸入。显示的信号有声音、符号、文字等几种形式。重复测定的结果表明，妊娠 30 天内探测子宫动脉反应或 40 天以上探测胚胎心音，都可达到较高的准确率。但有时也会因子宫炎症、发情所引起的类似反应干扰测定结果而出现误诊。

有条件的大型养牛场，可采用较精密的 B 型超声波诊断仪。其探头放置在右侧乳房上方的腹壁上，探头方向应朝向妊娠子宫角。通过显示屏，可清楚地观察胎泡的位置、大小，并且可以定位照相。通过探头的方向和位置的移动，可见到胎儿各部的轮廓、心脏的位置及跳动情况、单胎或双胎等。在具体操作时，探头接触的部位应先剪毛，并在探头上涂以接触剂（凡士林或石蜡油）。

2. 孕酮水平测定法

根据妊娠后血及奶中孕酮含量明显增高的现象，用放射免疫和酶免疫法，测定孕酮的含量，判断母牛是否妊娠。由于收集奶样比采血方便，目前测定奶中孕酮含量的较多。大量的试验表明，奶中孕酮含量高于 5 纳克/毫升为妊娠；而低于该值者未妊娠。放射免疫测定虽然精确，但需送专门实验室测定，不易推广。近年来，国内外研制的酶免疫药盒使这种诊断趋于简单化、实用化。

3. 激素反应法

妊娠后的母体内，占主导地位的激素是孕酮，它可以对抗适量的外源性雌激素，使之不产生反应。因此，依据母牛对外源性雌激素的反应，可作为是否妊娠的判断标准。母牛配种后 18～20 天，肌内注射合成雌激素（乙烯雌酚等）2～3 毫克或三合激素，未孕者能促进发情，怀孕者不发情。注射后 5 天内不发情即可判为妊娠，此法简单，准确率在 80% 以上。

第四节　奶牛的分娩与助产

一、分娩的征候

母牛在接近分娩时，生理机能会发生剧烈变化，根据这些变化，可以大致判断分娩时间。在分娩前约半个月，乳房迅速发育膨大，腺体充实，乳头膨胀，临产前 1 周，有的滴出初乳。临产前，阴唇逐渐松弛变软、水肿，皮肤上的皱襞展平；阴道黏膜潮红，子宫颈肿胀、松软，子宫颈栓溶化变成半透明状黏液，排出阴门，呈索状悬垂于阴门处；骨盆韧带柔软、松弛，耻骨缝隙扩大，尾根两侧凹陷，以适于胎儿通过。在行动上，母牛表现为活动困难，起立不安，高声哞叫，尾高举，回顾腹部，常作排粪排尿姿势，食欲减少或停止。根据以上表现，大致可以判断母牛分娩的时间。

二、分娩的过程

正常的分娩过程，一般可分为下列 3 个阶段。

1. 开口期

子宫颈扩大，子宫壁纵形肌和环形肌有节律地收缩，并从孕角尖端开始收缩，向子宫颈方向进行驱出运动，使子宫颈完全开放，与阴道的界限消失。随着子宫间歇性收缩（阵缩）力量的加大，收缩持续时间延长，间歇缩短，压迫羊水及部分胎膜，使胎儿的前置部分进入子宫颈。此时，母牛表现不安，时起时卧，进食和反刍不规则，尾巴抬起，常作排粪姿势，哞叫。这一阶段一般持续 6 小时左右，经产母牛一般短于初产母牛。

2. 胎儿产出期

以完成子宫颈的扩大和胎儿进入子宫颈及阴道为特征。该时期的子宫平滑肌收缩期延长，松弛期缩短，弓背努责，胎囊由阴门露出。一般先露出尿膜囊，破裂后流出黄褐色尿水，然后继续努责和阵缩，包裹犊牛蹄子的羊膜囊部分露出阴门口。胎头和肩胛骨宽度大，娩出最费力，努责和阵缩最强烈，每阵缩一次，都能使胎头排出若干，但阵缩停止，胎儿又有所回缩。经若干次反复后，羊膜破裂，流出白色混浊的羊水，母牛稍作休息后，继续努责和阵缩，将整个胎儿排出体外。这一阶段一般持续 0.5~2 小时。若羊膜破裂后 0.5 小时以上胎儿不能自动产出，应考虑进行人工助产。如产双胎，一般会在第一个胎儿产出20~120分钟后，产出第二个胎儿。

3. 胎衣排出期

胎儿排出后，母牛稍作休息，子宫又继续收缩，将胎衣排出。但由于牛属于子叶型胎盘，母子之间联系紧密，收缩时不易脱落，因此，胎衣排出时间较长，为2~8小时。如果超过12小时胎衣不下，则应进行人工剥离，并在剥离后向子宫内灌注药物。

三、科学助产

分娩是母畜正常的生理过程，一般情况下不需要助产而任其自然产出。但牛的骨盆构造与其他动物相比，更易发生难产，在胎位不正、胎儿过大、母牛分娩无力等情况下，母牛自动分娩有一定的困难，必须进行必要的助产。助产的目的，是尽可能做到母子安全，同时，还必须力求保持母牛的繁殖能力。如果助产不当，则极易引发一系列产科疾病，影响繁殖力。因此，在操作过程中，必须按助产原则小心处理。

1. 产前准备

（1）药械准备　产房要求宽大、平坦、干净、温暖；器械与药品的准备包括催产药、止血药、消毒灭菌药、强心补液药及助产器械、手术器械等。

（2）人员准备　助产人员要固定专人，产房内昼夜均应有人值班，助产者要穿工作服、剪指甲，准备好酒精、碘酒、剪刀、镊子、药棉以及产科绳等。

（3）消毒准备　发现母牛有分娩征状，助产者用0.1%~0.2%的高锰酸钾温水或1%~2%的煤酚皂溶液，洗涤母牛外阴部或臀部附近，消毒后用毛巾擦干。铺好清洁的垫草，给牛一个安静的环境。助产人员的手、工具和产科器械都要严密消毒，以避免将病菌带入子宫内，造成生殖系统疾病。

2. 科学助产

与其他家畜相比，母牛发生难产的概率很高。因此，助产是必要的措施。尤其对于初产母牛、倒生或产程过长的母牛，进行助产更加重要。这样可以保证胎儿成活，使产程缩短，让母牛产后尽快恢复健康。

助产的过程：当胎膜露出又未及时产出时，就要判断胎儿的方向、位置和姿势是否正常。当胎儿前肢和头部露出阴门而羊膜仍未破裂时，可将羊膜撕破，并将胎儿口腔和鼻腔内的黏液擦净，以利于胎儿呼吸；如果胎位不正，就要把胎儿推回到子宫处并加以校正；如果是倒生，当后肢露出时，应配合努责，及时把胎儿拉出；如果是母牛努责无力，可以用产科绳拴住两前肢的掌部，随着母牛的努责，左右交替用力，护住胎儿的头部，沿着产道的方向拉出；当胎儿头部通过阴门时，要注意保护阴门和会阴部，尤其是阴门和会阴部过分紧张时，应有一人用手护住阴门，防止阴门撑破；当母牛努责无力时，可用手抓住胎儿的两前肢，或用产科绳系住胎儿的两前肢，同时用手握住胎儿下颌，随着母牛的努责适当用力，顺着骨盆产道方向慢慢拉出胎儿。

母牛产出胎儿以后，要喂给足量温暖的盐水麦麸粥，这对于提高腹压、保暖、解饿、恢复体力特别有好处。

胎儿产出以后，要及时用干草或毛巾，把口鼻处的黏液擦干净，进行母子分离。

如果脐带已自然断裂，需要立即用5%的碘酒进行消毒；如果脐带没有扯断，可以在距腹部6~8厘米处，用消毒过的剪子剪断，然后用碘酒进行消毒。小牛第一次吃奶必须人工陪同，时刻注意小牛的姿势以及母牛的不稳定情绪。

需要注意的是，分娩过程中发生的问题，只有在努责间歇期才能观察到。若母牛强烈努责，或看到犊牛的蹄尖和鼻子，预计分娩会正常进行，可不予助产。若助产太早，子宫颈开张不足，犊牛在拖出的过程中有可能受伤，甚至由于用力过猛而将犊牛摔在地上，严重影响犊牛的健康。所以，在母牛生产的过程中，要注意细心观察，还要有足够的耐心，不能操之过急。

3. 产后处理

产后3小时内，注意观察母牛产道有无损伤及出血；产后6小时内，注意观察母牛努责情况，若努责强烈，需要检查子宫内是否还有胎儿，并注意子宫脱出征兆；产后12小时内，注意观察胎衣排出情况；产后24小时内，注意观察恶露排出的数量和性状，排出多量暗红色恶露为正常；产后3天，注意观察生产瘫痪症状；产后7天，注意观察恶露排尽程度；产后15天，注意观察子宫分泌物是否正常；产后30天左右，通过直肠检查，判断子宫康复情况；产后40~60天，注意观察产后第一次发情。

第四章
奶牛日粮配合与饲料加工调制

第一节　奶牛饲料与日粮配合

一、奶牛常用饲料的分类

奶牛饲料成本是牛奶成本中的主要部分，饲料和饲养管理是奶牛场最重要的工作之一。抓好饲料配合，实行科学饲养，可维护奶牛健康、延长利用年限、充分发挥其遗传潜力、提高产奶性能、生产优质牛奶、降低饲料成本、增加经济效益。生产中，通常把饲料分成青绿饲料、粗饲料、青贮饲料和精料补充料四大类。

（一）青绿饲料

青绿饲料系指刈割后立即饲喂的绿色植物。其含水量大多在 60% 以上，部分含水量可高达 80%~90%。包括各种豆科和禾本科以及天然野生牧草。人工栽培牧草，农作物的茎叶、藤蔓、叶菜、野菜和水生植物以及枝叶饲料等。青绿饲料含有丰富、优质的粗蛋白质和多种维生素，钙磷丰富，粗纤维含量相对较低，研究表明，用优良青绿饲料饲喂泌乳牛，可替代一定数量的精饲料（谷实类能量饲料和饼粕类蛋白质饲料的混合饲料）。青绿饲料的营养价值随着植物生长期的延续而下降，而干物质含量则随着植物生长期的延续而增加，其粗蛋白质相对减少，粗纤维含量相对增加，粗蛋白质等营养成分的消化率也随生长期的延续而递降。因而，青绿饲料应当适期收获利用。研究认为，兼顾产量和品质，应当在拔节期到开花期利用较为合理。此时产量较高、营养价值丰富、动物的消化利用率也较高。青绿饲料虽然养分和消化率都较高，但由于含水量大，营养浓度低，不能作为单一的饲料饲喂奶牛。实践中，常用青绿饲料与干草、青贮料同时饲喂奶牛，效果优于单独饲喂，这是因为干物质和养分的摄入量较大且稳定的缘故。

常用的青绿饲料主要有豆科的紫花苜蓿、红豆草、小冠花、沙打旺等牧草，禾本科的高丹草、黑麦草、细茎冰草、羊草以及青刈玉米等，蔬菜类主要有饲用甘蓝、胡萝卜茎叶等。

（二）粗饲料

干物质中粗纤维含量在 18% 以上，或单位重量含能值较低的饲料统称为粗饲料，如可饲用农作物秸秆、干草、秕壳类等。粗饲料中蛋白质、矿物质和维生素的含量差异很大，优质豆科牧草适期收获干制而成的干草其粗蛋白质含量可达 20% 以上，禾本科牧草粗蛋白质含量在 6%~10%，而农作物秸秆以及成熟后收获、调制的干草粗蛋白质含量为 2%~4%。其他大部分粗饲料的蛋白质含量介于 4%~20%。粗饲料中的矿物质含量变异更大，豆科类干草是钙、镁的较好来源，磷的含量一般为中低水平，钾的含量则相当高。牧草中微量元素的含量在很大程度上取决于植物的品种、土壤、水和肥料中微量元素的含量多少。秸秆和秕壳类粗饲料虽然营养成分含量很低，但对于奶牛等草食动物来说，是重要的饲料来源。农区可饲用农作物秸秆资源丰富，合理利用这一饲料资源，是一个十分重要的问题。

（三）青贮饲料

青贮饲料是一种贮藏青饲料的方法，是将铡碎的新鲜植物，通过微生物发酵和化学作用，在密闭条件下调制而成，可以常年保存、均衡供应的青绿饲料。青贮饲料不仅可以较好地保存青饲料中的营养成分，而且由于微生物的发酵作用，产生了一定数量的酸和醇类，使饲料具有酒酸醇香味，增强了饲料的适口性，改善了动物对青饲料的消化利用率。玉米蜡熟期，大部分茎叶还是青绿色，下部仅有 2~3 片叶子枯黄，此时全株粉碎制作青贮，养分含量多，可作为奶牛的主要粗饲料，常年供应。

近年来，由于青贮技术的发展，人们已能用禾本科、豆科或豆科与禾本科植物混播牧草制作质地优良的青贮饲料，并广泛应用于奶牛生产中，收到了较好的效果。目前青贮方法、青贮添加剂、青贮设备等方面都有了明显的改进和提高。

（四）精料补充料

精料补充料是为补充奶牛的营养而添加的精饲料。组成精料补充料的饲料原料包括能量饲料、蛋白质补充料、矿物质补充料、维生素饲料和饲料添加剂等5类。

1. 能量饲料

饲料干物质中，粗纤维含量低于18%、粗蛋白质含量低于20%的饲料统称为能量饲料。能量饲料包括谷物籽实、糠麸、糟渣、块根、块茎以及糖蜜和饲料用脂肪等。对于奶牛，其日粮中必须有足够的能量饲料，供应瘤胃微生物发酵所需的能源，以保持瘤胃中微生物对粗纤维和氮素的利用等正常消化机能的维持。

能量饲料中的粗蛋白质含量较少，一般为10%左右，且品质多不完善，赖氨酸、色氨酸、蛋氨酸等必需氨基酸含量少，钙及可利用磷也较少，除维生素 B_1 和维生素 E 丰富外，维生素 D 以及胡萝卜素也缺乏，必须由其他饲料组分来补充。常用的能量饲料有以下几类。

（1）谷实类饲料 系指禾本科作物成熟的种子，包括玉米、高粱、稻谷、小麦、大麦、燕麦等，是奶牛精饲料的主要组成部分。

（2）糠麸、糟渣类饲料 糠麸和糟渣类农副产品是奶牛日粮精饲料的又一组成部分，其应用量仅次于谷实类饲料。

糠麸类饲料是粮食加工的副产品，包括米糠、麸皮、玉米皮等。米糠是加工小米后分离出来的种皮和糊粉层的混合物，可消化粗纤维含量高，其能量低于谷实，但蛋白质含量略高。小麦麸是加工面粉的副产品，是由小麦的种皮、糊粉层以及少量的胚和胚乳组成。麸皮含粗纤维较高，粗蛋白质含量也较高，并含有丰富的 B 族维生素。体积大，重量较轻，质地疏松，含磷、镁较高，具有轻泻性，具有促进消化机能和预防便秘的作用。特别是在母牛产后喂以麸皮水，对促进消化和防止便秘具有积极的作用。糠麸类饲料，以干物质计，其无氮浸出物含量在45%~65%，略低于籽实；蛋白质含量在11%~17%，略高于籽实。米糠粗脂肪含量在10%以上，能值与玉米接近，具有较高的营养价值；但易酸败、容易变质，影响适口性。在日粮中，米糠的用量最好控制在10%以内。麸皮的蛋白质、粗纤维含量高，质地疏松，矿物质、维生素含量也比较丰富，属于对奶牛健康有利的饲料，在奶牛日粮中的比例可以达10%~20%。玉米皮主要是玉米的种皮，营养价值相对较低，不易消化。

糟渣类饲料的共同特点是水分含量高，不易贮存和运输。湿喂时，一定要补充小苏打和食盐。糟渣类饲料经过干燥处理后，一般蛋白质含量在15%~30%，对奶牛属于比较好的饲料。玉米淀粉渣干物质的蛋白质含量可达15%~20%，而薯类粉渣的蛋白质含量只有10%左右。豆腐渣干物质的蛋白质含量高，是喂奶牛的好饲料，但湿喂时容易使牛腹泻。因此，最好煮熟后饲喂。甜菜渣含有大量有机酸,饲喂过量容易造成牛腹泻,必须根据粪便情况逐步增加用量。酒糟类饲料的蛋白质含量丰富,粗纤维含量比较高,但湿酒糟由于残留部分酒精,不宜多喂,否则容易导致流产或死胎。总之,糟渣类饲料在奶牛日粮干物质中的比例不宜超过20%。

(3)块根块茎类饲料 其营养特点是水分含量为70%~90%,有机物富含淀粉和糖,消化率高,适口性好,但蛋白质含量低。以干物质为基础,块根块茎类饲料的能值比籽实还高,因此归入能量饲料。与此同时,这些饲料主要鲜喂,因此也可以归入青绿多汁饲料。常用的块根块茎类饲料包括甘薯、甜菜、胡萝卜、马铃薯、木薯等。

甘薯的主要成分是淀粉和糖,适口性好。甘薯的干物质含量为27%~30%。干物质中淀粉占40%,糖分占30%左右,而粗蛋白质只有4%。红色和黄色的甘薯含有丰富的胡萝卜素,含量在60~120毫克/千克,缺乏钙、磷。甘薯味道甜美,适口性好,煮熟后喂奶牛效果更好,生喂量大了容易造成腹泻。需要注意带有黑斑病的甘薯不能喂牛,否则会导致气喘病甚至致死。

木薯含水分约60%,晒干后的木薯干含无氮浸出物78%~88%,蛋白质含量只有2.5%左右,铁、锌含量高。木薯块根中含有苦苷,常温条件下,在β-糖苷酶的作用下可生成葡萄糖、丙酮和剧毒的氢氰酸。新鲜木薯根的氢氰酸含量在15~400毫克/千克,而皮层的含量比肉质高4~5倍。因此,在实际利用时,应该注意去毒处理。日晒2~4天可以减少50%的氢氰酸,沸水煮15分钟可以去除95%以上,青贮只能去除30%。

胡萝卜含有较多的糖分和大量胡萝卜素(100~250毫克/千克),是牛最理想的维生素A来源,对泌乳牛、干奶牛和育成牛都有良好的效果。胡萝卜以洗净后生喂为宜。另外,也可以将胡萝卜切碎,与麸皮、草粉等混合后贮存。

马铃薯的淀粉含量相对较高,但发芽的马铃薯特别是芽眼中含有龙葵素,会引起奶牛的胃肠炎。因而发芽的马铃薯不能用来喂牛。

2. 蛋白质补充料

按干物质计算,蛋白质含量在20%及其以上、粗纤维含量低于18%的饲料统称为蛋白质补充料,包括植物性蛋白饲料、动物性蛋白饲料和微生物蛋白饲料。对奶牛而言,鱼粉、肉粉等动物性蛋白饲料不允许使用,而非蛋白氮则可以归入蛋白质饲料中。

(1)豆类籽实 在奶牛养殖中,常用的豆类籽实主要包括大豆、蚕豆、棉籽、花生、豌豆等。豆类籽实的营养特点是蛋白质含量高(20%~40%),

品质好。大豆、棉籽、花生的脂肪含量也很高，属于高能高蛋白饲料。

大豆约含 35% 的粗蛋白质和 17% 的粗脂肪，赖氨酸含量在豆类中居首位，大豆蛋白的瘤胃降解率较高，粉碎生大豆的蛋白 80% 左右在瘤胃被降解。钙含量比较低。黑豆又名黑大豆，是大豆的一个变种，其蛋白质含量比大豆高 1%~2%，而粗脂肪低 1%~2%。大豆含有胰蛋白酶抑制因子、脲酶、外源血凝集素、致肠胃胀气因子、单宁等多种抗营养因子，生喂时要慎重，防止出现瘤胃胀气、拉稀等问题。豆类籽实经过烘烤、膨化或蒸汽压片处理后，可以消除大部分抗营养因子的影响；同时，增加过瘤胃蛋白的比例和所含油脂在瘤胃的惰性。

豌豆风干物质中约含粗蛋白质 24%、粗脂肪 2%。豌豆中含有比较丰富的赖氨酸，但其他氨基酸特别是含硫氨基酸的含量比较低，各种矿物质的含量也偏低。豌豆中同样含有胰蛋白酶抑制因子、外源血凝集素和致肠胃胀气因子，不宜生喂。

风干蚕豆中含粗蛋白质 22%~27%，粗纤维 8%~9%，粗脂肪 1.7%。蚕豆中赖氨酸含量比谷物高 6~7 倍，但蛋氨酸、胱氨酸含量低。蚕豆含有 0.04% 的单宁，种皮中达 0.18%。

棉籽中含粗脂肪较高，常在高产奶牛泌乳盛期的日粮中添加棉籽，以提高日粮营养浓度，补充能量、蛋白的不足。

（2）饼粕类 饼粕类饲料是榨油工业的副产品，蛋白质含量在 30%~40%，属于养殖业中最主要的蛋白质补充料。常用的饼粕类饲料包括大豆饼（粕）、棉籽饼（粕）、花生饼（粕）、菜籽饼（粕）、胡麻饼（粕）、葵花子饼（粕）、芝麻饼（粕）等。通常压榨取油后的副产品称为饼，而浸提取油后的副产品称为粕。

大豆饼中残油量 5%~7%，蛋白质含量 40%~43%；大豆粕残油量 1%~2%，蛋白质含量 43%~46%。因此，大豆饼的能量价值略高于大豆粕，而蛋白质略低于大豆粕。大豆饼（粕）的质量差异较大，主要与取油加工过程中的温度、压力、时间等因素有关。大豆饼粕是奶牛优良的瘤胃可降解蛋白来源，其在饲料中的比例可达 20%。

菜籽饼中含有 35%~36% 粗蛋白，7% 粗脂肪；菜籽粕中含有 37%~39% 粗蛋白，1%~2% 粗脂肪。菜籽饼粕中富含铁、锰、锌。传统菜籽饼粕中含有一种称为致甲状腺肿素的抗营养因子和芥子酸，再加上微苦的口味，其添加量受到限制，一般要求奶牛精料中的用量不能超过 10%。目前培育的双低油菜籽解决了抗营养因子的问题，在奶牛饲料中的用量可以不受限制。

棉籽饼风干物质的残油量 4%~6%，粗蛋白 38%；棉籽粕中的残油量在 1% 以下，蛋白质 40%。棉籽饼的含硫氨基酸含量与豆饼相近，而赖氨酸含量只有豆饼的一半。一般棉籽仁中含有对动物有害的物质棉酚，经过加工后，棉籽饼粕的棉酚含量有所下降，但棉籽饼高于棉籽粕。由于瘤胃微生物对棉酚具有脱毒能力，因此棉籽饼粕在奶牛日粮中的用量可以达到 10%~20%。

花生仁饼是以脱壳后的花生仁为原料，经取油后的副产品。花生仁饼和花生仁粕中的粗蛋白质含量分别约为 45% 和 48%，比豆饼高 3%~5%。但蛋白质的质量不如豆饼，赖氨酸含量仅为豆饼的一半，精氨酸以外的其他必需氨基酸的含量均低于豆饼。花生饼中一般残留 4%~6% 粗脂肪，高的达 11%~12%，含能值较高。但由于残脂容易氧化，不易保存。

胡麻饼粕的营养价值受残油率、仁壳比、加工条件的影响较大，粗蛋白含量在 32%~39%。胡麻饼粕中有时含有少量菜籽或芸芥子，对动物有致甲状腺肿作用。但在添加量不超过 20% 时，可以不予考虑。亚麻中含有苦苷，经酶解后会生成氢氰酸，用量过大可能会对动物产生毒害作用。

葵花仁饼粕受去壳比例影响较大，一般向日葵仁饼粕中含有 30%~32% 的壳，饼的蛋白质含量平均为 23%，粕的蛋白质含量平均为 26%，但变动范围很大（14%~45%）。由于含壳较多，其粗纤维含量在 20% 以上，因此属于能值较低的饲料。

芝麻饼中的残脂为 8%~11%，粗蛋白质含量在 39% 左右；芝麻粕的残脂为 2%~3%，粗蛋白质为 42%~44%，粗纤维含量 6%~10%。芝麻饼的蛋白质质量较好，蛋氨酸、赖氨酸含量均比较丰富。

玉米蛋白粉的蛋白质含量在 25%~60%，其氨基酸组成特点是蛋氨酸含量高，赖氨酸含量低，是常用的非降解蛋白质补充料。由于相对密度大，应与其他大体积饲料搭配使用。

（3）单细胞蛋白质饲料　包括酵母、真菌和藻类。饲料酵母的使用最普遍，蛋白质含量在 40%~60%，生物学效价较高。酵母饲料在奶牛日粮中的用量以 2%~5% 为宜，不得超过 10%。

市场上销售的酵母蛋白粉，大多数是以玉米蛋白粉等植物蛋白作为培养基，接种酵母，只能称为含酵母饲料。绝大多数蛋白是以植物蛋白的形式存在，与饲料酵母相比差别很大，品质很差，使用时要慎重，一般不得超过奶牛精料的 5%。

（4）非蛋白氮　反刍动物可以利用非蛋白氮作为合成蛋白质的原料。一般常用的非蛋白氮饲料包括尿素、磷酸脲、双缩脲、铵盐、糊化淀粉尿素等。

由于瘤胃微生物可利用氨合成蛋白。因此，饲料中可以添加一定量的非蛋白氮，但数量和使用方法需要严格控制。

目前利用最广泛的是尿素。尿素含氮47%，是碳、氮与氢化合而成的简单非蛋白质氮化物。尿素中的氨折合成粗蛋白质含量为288%，尿素的全部氮如果都被合成蛋白质，则1千克尿素相当于7千克豆饼的蛋白质当量。但真正能够被微生物利用的比例不超过1/3，由于尿素有咸味和苦味，直接混入精料中喂牛，牛开始有一个不适应的过程，加之尿素在瘤胃中的分解速度快于合成速度，就会有大量尿素分解成氨进入血液，导致中毒。因此，利用尿素替代蛋白质饲料饲喂奶牛，要有一个由少到多的适应阶段，还必须是在日粮中蛋白质含量不足10%时方可加入，且用量不得超过日粮干物质的1%，成年奶牛以每头每日不超过200克为限。日粮中应含有一定比例的高能量饲料，充分搅匀，以保证瘤胃内微生物的正常繁殖和发酵。饲喂含尿素日粮时必须注意：尿素的最高添加量不能超过干物质采食量的1%，而且必须逐步增加；尿素必须与其他精料一起混合均匀后饲喂，不得单独饲喂或溶解到水中饮用；尿素只能用于6月龄以上、瘤胃发育完全的牛；饲喂尿素只有在日粮瘤胃可降解蛋白质含量不足的时候才有效，不得与含脲酶高的大豆饼（粕）一起使用。

为防止尿素中毒，近年来开发出的糊化淀粉尿素、磷酸脲、双缩脲等缓释尿素产品，其使用效果优于尿素，可以根据日粮蛋白质平衡情况适量应用。另外，近年来氨化技术得到广泛普及，用3%~5%的氨处理秸秆，氮素的消化利用率可提高20%，秸秆干物质的消化利用率提高10%~17%。奶牛对秸秆的进食量，氨化处理后与未处理秸秆相比，可增加10%~20%。

3. 矿物质补充料

矿物质补充料系指一些营养素比较单一的饲料。奶牛需要矿物质的种类较多，但在一般饲养条件下，需要量很小。但如果缺乏或不平衡则会影响奶牛的产奶量，以至导致营养代谢病以及胎儿发育不良、繁殖障碍等疾病的发生。

奶牛在生长发育和生产过程中需要多种矿物质元素。一般而言，这些元素在动、植物体内都有一定的含量，在自然牧食情况下，奶牛可采食多种饲料，往往可以相互补充而得到满足。但由于奶牛集约化饲养、限制了奶牛的采食环境，特别是生产力的大幅度提高，单从常规饲料已很难满足其高产的需要，必须另行添加。在奶牛生产中，常用的矿物质饲料有以下几类。

（1）食盐　食盐的主要成分是氯化钠。大多数植物性饲料含钾多而少钠。因此，以植物饲料为主的奶牛必须补充钠盐，常以食盐补给，可以满足牛对钠和氯的需要，同时可以平衡钾、钠比例，维持细胞活动的正常生理功能。在缺碘地区，可以加碘盐补给。

（2）含钙的矿物质饲料　常用的有石粉、贝壳粉、蛋壳粉等，其主要成分为碳酸钙。

这类饲料来源广，价格低。石粉是最廉价的钙源，含钙38%左右。在奶牛产犊后，为了防止钙不足，也可以添加乳酸钙。

（3）含磷的矿物质饲料　单纯含磷的矿物质饲料并不多，且因其价格昂贵，一般不单独使用。这类饲料有磷酸二氢钠、磷酸氢二钠、磷酸等。

（4）含钙、磷的饲料　常用的有骨粉、磷酸钙、磷酸氢钙等，它们既含钙又含磷，消化利用率相对较高，且价格适中。故在奶牛日粮中出现钙和磷同时不足的情况下，多以这类饲料补给。

（5）微量元素矿物质饲料　通常分为常量元素和微量元素两大类。常量元素系指在动物体内的含量占到体重0.01%以上的元素，包括钙、磷、钠、氯、钾、镁、硫等；微量元素系指含量占动物体重0.01%以下的元素，包括钴、铜、碘、铁、锰、钼、硒和锌等。饲养实践中，通常常量元素可自行配制，而微量元素需要量微小，且种类较多，需要一定的比例配合以及特定机械搅拌，因而建议通过市售商品预混料的形式提供。

4. 维生素饲料

维生素饲料系指人工合成的各种维生素。作为饲料添加剂的维生素主要有：维生素 D_3、维生素 A、维生素 E、维生素 K_3、硫胺素、核黄素、吡哆醇、维生素 B_{12}、氯化胆碱、尼克酸、泛酸钙、叶酸、生物素等。维生素饲料应随用随买，随配随用，不宜与氯化胆碱以及微量元素等混合贮存，也不宜长期贮存。

维生素分为脂溶性维生素和水溶性维生素两大类。对于奶牛而言，脂溶性维生素需要由日粮提供，而绝大多数水溶性维生素奶牛的瘤胃微生物可以合成。而随着奶牛产量的提高，目前高产奶牛日粮中添加烟酸的情况也日趋普遍。

5. 饲料添加剂

饲料添加剂一般分为两大类：一类是给奶牛提供营养成分的物质，称为营养性添加剂，主要是氨基酸、矿物质和维生素等；另一类是促进奶牛生长、保健及保护饲料养分的物质，称为非营养性添加剂，主要有酶制剂、防霉剂等。奶牛养殖中常用的非营养添加剂有以下几种。

（1）乙酸盐　日粮中添加乙酸盐，在乳脂率低的夏季，可提高产奶量17%以上，提高乳脂率0.2%~0.3%，而且乳汁的质量也得到提高。

（2）脲酶抑制剂　脲酶抑制剂能使饼类饲料中的氮在奶牛瘤胃中逐步、缓慢地释放。

（3）复合酶　添加含有蛋白酶、脂肪酶、纤维酶等复合酶素，可将牛摄入体内的大分子物质分解成易消化的小分子物质，便于机体吸收利用，从而提高泌乳量。添加复合酶可提高产奶量 7.3%，乳脂率提高 17.4%。

二、奶牛的日粮配合技术

（一）奶牛日粮配合的原则

1. 营养性

饲料配合的理论基础是动物营养原理，饲养标准则概括了动物营养学的基本内容，列出了正常条件下动物对各种营养物质的需要量，为制作配合饲料提供了科学依据。

2. 安全性

制作配合饲料所用的原料，包括添加剂在内，必须安全当先，慎重从事。对其品质、等级等必须经过检测方能使用。发霉变质等不符合规定的原料一律不要使用。对某些含有毒有害物质的原料应经脱毒处理或限量使用。

3. 实用性

制作饲料配方，要使配合日粮组成适应牛的消化生理等特点，同时要考虑牛的采食量和适口性。保持适宜的日粮营养物质浓度，既不能使牛吃不饱，也不能使牛吃不了，否则会造成营养不良或营养过剩。

4. 经济性

制作饲料配方必须保证较高的经济效益，以获得较高的市场竞争力。为此，应因地制宜，充分开发和利用当地饲料资源，选用营养价值较高、价格较低的饲料，尽量降低饲料的成本。

（二）日粮配方设计方法

青粗饲料、青贮饲料及精料补充料是奶牛的营养来源，而青粗料、青贮饲料的供应因不同地区、不同季节和不同生产用途而异。因此，在奶牛生产中，要经常根据青粗饲料、青贮饲料的供应情况进行计算，并调整精料补充料的喂量。现举例说明奶牛日粮配方设计过程。

例：体重 600 千克、第二胎、日产奶 30 千克、乳脂率为 3.5%。

首先，从奶牛饲养标准中查出 600 千克体重牛的维持需要。因为牛处于第二胎，需另加维持需要量的 10% 作为该牛进一步生长之需。然后再查得乳脂率为 3.5% 时，产 1 千克奶的养分需要量，计算出该牛的每日营养需要，列于表 1-4-1。

表 1-4-1　体重 600 千克、日产奶 30 千克、乳脂率 3.5%、二胎奶牛日粮配制

项目	干物质（千克）	泌乳净能（兆焦耳）	粗蛋白（克）	钙（克）	磷（克）
每天营养需要	20.57	135.3	3 014.9	165.6	113.7
其中：维持需要	7.52	43.1	559	36	27
10%维持	0.75	4.3	55.9	3.6	2.7
产奶需要	12.30	87.9	2 400.0	126.0	84.0
应由饲草提供	9.89	56.9	930.8	45.5	32.1
其中：青贮玉米 20 千克	5.0	24.5	300.0	22.0	13.0
黑麦草 30 千克	4.89	32.4	630.8	23.5	19.1
需由精料供应	10.68	78.4	2 084.1	120.1	81.6
其中：2.17 千克菜籽饼（机榨浸提）	2.00	16.6	790.0	15.8	20.6
0.585 千克大豆饼（机榨）	0.53	4.9	251.8	1.8	2.9
3.72 千克玉米	3.29	26.7	319.1	3.0	7.9
5.06 千克小麦麸	4.48	30.4	730.2	9.0	39.4
0.08 千克磷酸氢钙	0.08			25.0	11.3
0.18 千克石粉	0.18			67.8	
0.11 千克微量元素预混料	0.11				

　　其次，在选择饲料时，精饲料的选择余地比较大，而粗饲料和饲草往往受多种条件限制，选择余地较小。优先考虑饲草的供应。考虑饲草供应量时，首先要考虑适当的精粗比。粗料过多，养分浓度可能达不到要求，即牛可能无法采食到足够的养分；粗料太少，会出现消化代谢的紊乱。在产奶高峰期或在泌乳初期，精粗比可以为 50:50，最高不超过 60:40。假设该牛饲养户制作了青贮玉米饲料，并种有黑麦草，供逐天刈割应用。初步设定每天供应 20 千克青贮玉米和 30 千克黑麦草，在营养成分含量表中查得玉米青贮和黑麦草可提供的养分量。每日营养需要量减去牧草养分提供量，就是需由精饲料来满足其需要的养分量。

　　从营养中可以看出，需由精饲料供应的养分量为 78.4 兆焦泌乳净能和 2 084.1 克粗蛋白，这些养分的干物质总量为 10.68 千克。即每千克干物质应含有泌乳净能不能少于 7.34 兆焦、蛋白质不能少于 195.1 克。假设乳牛场现有菜籽饼、大豆饼、玉米、小麦麸、磷酸氢钙、石粉等可利用饲料，于是查营养成分表可知菜籽饼和大豆饼均能满足需要。但大豆饼太贵，因此首先选菜籽饼。由于菜籽饼含有抗营养因子，考虑到安全和适口性等，其用量应控制在占补饲混合料的20%以下，设用2.0千克（干物质计），则余下61.8兆焦泌乳净能和1 294.1克粗蛋白质需由其他精料供应。这些精料干物质总量为8.68千克。如果考虑需留3%左右作最后平衡钙、磷含量和供应微量元素混合料，则只能考虑用8.30千克干物质来完成能量和蛋白质的供应，这就意味着该混合料的能量浓度为7.45兆焦/千克和粗蛋白质为15.6%。与这一要求相比，玉米能量有余而蛋白质不足，麦麸蛋白质符合要求但能量不足。只有大豆饼能满足二者需要，但价格昂贵，应尽量少用。因此可以采用三次四角法来配合这份饲粮。此处不再详述。

三、奶牛的全混日粮（TMR）

（一）TMR饲喂奶牛的优点

TMR是英文Total Mixed Rations（全混合日粮）的简称。所谓全混合日粮（TMR）是一种将粗料、精料、矿物质、维生素和其他添加剂充分混合，能够提供足够的营养以满足奶牛需要的饲养技术。TMR饲养技术在配套技术措施和性能优良的TMR机械的基础上能够保证奶牛每采食一口日粮都是精粗比例稳定、营养浓度一致的全价日粮。目前这种成熟的奶牛饲喂技术在以色列、美国、意大利、加拿大等国已经普遍使用，我国现正在逐渐推广使用。

与传统饲喂方式相比，TMR饲喂奶牛具有以下优点。

1. 可提高奶牛产奶量

研究表明，饲喂TMR的奶牛每千克日粮干物质能多产5%~8%的奶；即使奶产量达到每年9吨，仍然能有6.9%~10%奶产量的增长。

2. 增加奶牛干物质的采食量

TMR技术将粗饲料切短后再与精料混合，这样物料在物理空间上产生了互补作用，从而增加了奶牛干物质的采食量。在性能优良的TMR机械充分混合的情况下，完全可以排除奶牛对某一特殊饲料的选择性（挑食），因此有利于最大限度地利用最低成本的饲料配方。同时TMR是按日粮中规定的比例完全混合的，减少了偶然发生的微量元素、维生素的缺乏或中毒现象。

3. 提高牛奶质量

粗饲料、精料和其他饲料被均匀地混合后，被奶牛统一采食，减少了瘤胃pH波动，从而保持瘤胃pH值稳定，为瘤胃微生物创造了一个良好的生存环境，促进微生物的生长、繁殖，提高微生物的活性和蛋白质的合成率。饲料营养的转化率（消化、吸收）提高了，奶牛采食次数增加，奶牛消化紊乱减少和乳脂含量显著增加。

4. 降低奶牛疾病发生率

瘤胃健康是奶牛健康的保证，使用 TMR 后能预防营养代谢紊乱，减少真胃移位、酮血症、产褥热、酸中毒等营养代谢病的发生。

5. 提高奶牛繁殖率

泌乳高峰期的奶牛采食高能量浓度的 TMR 日粮，可以在保证不降低乳脂率的情况下，维持奶牛健康体况，有利于提高奶牛受胎率及繁殖率。

6. 节省饲料成本

TMR 日粮使奶牛不能挑食，营养素能够被奶牛有效利用，与传统饲喂模式相比饲料利用率可增加4%；TMR 日粮的充分调制还能够掩盖饲料中适口性较差但价格低廉的工业副产品或添加剂的不良影响，为此每年可以节约饲料成本数万元。

7. 降低管理成本

采用 TMR 饲养管理方式后，饲养工不需要将精料、粗料和其他饲料分道发放，只要将料送到即可；采用 TMR 后管理轻松，可降低管理成本。

（二）TMR 饲养技术关键点

管理技术措施是有效使用 TMR 的关键之一，良好的管理能够使奶牛场获得最大的经济利益。

1. 干物质采食量预测

根据有关公式计算出理论值，结合奶牛不同胎次、泌乳阶段、体况、乳脂和乳蛋白以及气候等推算出奶牛的实际采食量。

2. 奶牛合理分群

对于大型奶牛场，泌乳牛群根据泌乳阶段分为早、中、后期牛群，干奶早期、干奶后期牛群。对处在泌乳早期的奶牛，不管产量高低，都应该以提高干物质采食量为主。对于泌乳中期的奶牛中产奶量相对较高或很瘦的奶牛应该归入早期牛。对于小型奶牛场，可以根据产奶量分为高产、低产和干奶牛群。一般泌乳早期和产量高的牛群分为高产牛群，中后期牛分为低产牛群。

3. 奶牛饲料配方制作

根据牧场实际情况，考虑泌乳阶段、产量、胎次、体况、饲料资源特点等因素合理制作配方。考虑各牛群的大小，每个牛群可以有各自的 TMR，或者制作基础 TMR+精料（草料）的方式满足不同牛群的需要。此外，在 TMR 饲养技术中能否对全部日粮进行彻底混合是非常关键的，因此，牧场必须具备能够进行彻底混合的饲料搅拌设备。

(三) 应用 TMR 日粮注意事项

1. 全混合日粮（TMR）品质

全混合日粮的质量直接取决于所使用的各饲料组分的质量。对于泌乳量超过 10 000 千克的高产牛群，应使用单独的全混合日粮系统。这样可以简化喂料操作，节省劳力投入，增加奶牛的泌乳潜力。

2. 适口性与采食量

刚开始投喂 TMR 时，不要过高估计奶牛的干物质采食量。过高估计采食量，会使设计的日粮中营养物质浓度低于需要值。可以通过在计算时将采食量比估计值降低 5%，并保持剩料量在 5% 左右来平衡 TMR。

3. 原材料的更换与替代

为了防止消化不适，TMR 的营养物质含量变化不应超过 15%。与泌乳中后期奶牛相比，泌乳早期奶牛使用 TMR 更容易恢复食欲，泌乳量恢复也更快。更换 TMR 泌乳后期的奶牛通常比泌乳早期的奶牛减产更多。

4. 奶牛的科学组群

一个 TMR 组内的奶牛泌乳量差别不应超过 9~11 千克（4%乳脂）。产奶潜力高的奶牛应保留在高营养的 TMR 组，而潜力低的奶牛应转移至较低营养的 TMR 组。如果根据 TMR 的变动进行重新分群，应一次移走尽可能多的奶牛。白天移群时，应适当增加当天的饲料喂量；夜间转群，应在奶牛活动最低时进行，以减轻刺激。

5. 科学评定奶牛营养需要

饲喂 TMR 还应考虑奶牛的体况得分、年龄及饲养状态。当 TMR 组超过一组时，不能只根据产奶量来分群，还应考虑奶牛的体况得分、年龄及饲养状态。高产奶牛及初产奶牛应延长使用高营养 TMR 的时间，以利于初产牛身体发育和高产牛对身体储备损失的补充。

6. 饲喂次数与剩量分析

TMR 每天饲喂 3~4 次，有利于增加奶牛干物质采食量。TMR 的适宜供给量应大于奶牛最大采食量。一般应将剩料量控制在 5%~10%，过多过少都不好。没有剩料可能意味着有些牛采食不足，过多则会造成饲料浪费。当剩料过多时，应检查饲料配合是否合理，以及奶牛采食是否正常。

第二节 青贮饲料及其加工调制

青贮是利用微生物的发酵作用，长期保存青绿多汁饲料的营养特性，扩大饲料来源的一种简单又经济的方法，是奶牛业最主要的饲料来源，可保证常年均衡供给奶牛青绿多汁饲料。在各种粗饲料加工中营养物质损失少（一般不超过10%），粗硬的秸秆在青贮过程中还可以得到软化增加适口性，使消化率提高。在密封状态下可以长年保存，制作简便，成本低廉。

一、青贮设施建设

适合我国农村制作青贮的建筑种类很多，主要有青贮窖（壕、池）、青贮塔以及青贮袋、草捆包裹青贮、地面堆贮等。青贮塔和袋式青贮以及草捆青贮一般造价高，而且需要专门的青贮加工和取用设备；地面青贮不易压实，工艺要求严格，而青贮窖造价较低，适于目前广大养殖场户采用。

（一）青贮窖（池、壕）

1. 窖址选择

青贮窖的建设地要选择地势较高、向阳、干燥、土质较坚实且便于存取的地方。切忌在低洼处或树阴下挖窖，还要避开交通要道、粪场、垃圾堆等，同时要求距离畜舍较近，以取用方便，并且四周应有一定的空地，便于贮运加工。

2. 窖形设计

根据地形、贮量及所用设备的效率等决定青贮窖的形状与大小。若设备使用效率高，每天用草量又大，则采用长方形窖为好；若饲养头数较少，可采用圆形窖。其大小视其所需存贮量而定。

3. 建筑形式

建筑形式分为地下窖、半地下窖和地上窖，主要是根据地下水位的高低、土壤质地和建筑材料而定。一般地下水位较低，可修地下窖，加工制作极为方便，但取用需上坡；地上窖耗材较多，密封难度较大；而半地下窖，适合多数地区使用。

4. 建筑要求

青贮窖应建成四壁光滑平坦、上大下小的倒梯形（图1-4-1）。小型窖一般要求深度大于宽度，宽度与深度之比以（1~1.5）：2为宜。要求不透气、不漏水，坚固牢实。窖底部应呈锅底形，与地下水位保持50厘米以上距离，四角圆滑。应用简易土窖，应夯实四周，并铺设塑料布。

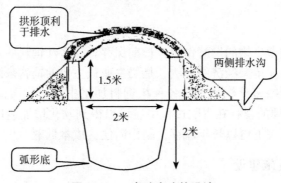

图 1-4-1 青贮窖建筑设计

5. 青贮的容重

青贮窖贮存容量与原料重量有关，各种青贮材料在容重上存在一定的差异（表1-4-2），青贮整株玉米，每立方米容重500~550千克；青贮去穗玉米秸，每立方米450~500千克；人工种植及野生青绿牧草，每立方米重550~600千克。

青贮窖截面的大小取决于每日需要饲喂的青贮量。通常以每日取料的挖进量不少于15厘米为宜。在宽度与深度确定后，根据需要青贮量，可计算出青贮窖的长度，也可根据青贮窖容积和青贮原料的容重计算出所需青贮原料的重量。计算公式如下。

窖长（米）＝计划制作青贮量（千克）÷｛［上口宽（米）＋下底宽（米）］÷2×深度（米）×每立方米原料的重量（千克）｝；

圆形青贮窖容积（米³）＝3.14×青贮窖半径（米）×青贮窖半径（米）×窖深（米）

长方形窖容积（米³）＝［上口宽（米）＋下底宽（米）］÷2×窖深（米）×窖长（米）

表 1-4-2 几种青（黄）贮原料的容量 　　　　　　　　（千克）

项目	铡切细碎的		铡切较粗的	
	存贮时	取用时	存贮时	取用时
叶菜与根茎	600~700	800~900	550~650	750~850

（续表）

项目	铡切细碎的		铡切较粗的	
	存贮时	取用时	存贮时	取用时
藤蔓类	500~600	700~800	450~550	650~750
玉米整株	500~600	550~650	450~500	500~600
玉米秸秆	450~500	500~600	400~450	450~550

（二）青贮塔

青贮塔是现代规模养殖场利用钢筋水泥砌制而成的永久性青贮建筑物。一次性投资大，但占地少，使用期长，且制作的青贮饲料养分损失小，适用于规模青贮，便于机械化操作。青贮塔呈圆筒形，上部有锥顶盖，防止雨水淋入。塔的大小视青贮用料量而定，一般内径 3~6 米，塔高 10~14 米。塔的四壁要根据塔的高度设 2~4 道钢筋混凝土圈梁，内径平直，内壁用厚 2 厘米水泥抹光。塔一侧每隔 2 米高开一个 0.6 米×0.6 米的窗口，装时关闭，取空时敞开，原料全部由顶部装入。装料与取用都需要专用的机械作业。

（三）地面堆贮

这是最为简便的方法，选择干燥、平坦的地方，最好是水泥地面。四围用塑料薄膜盖严，也可以在四周垒上临时矮墙，铺一塑料薄膜后再填青料，一般堆高 1.5~2 米，宽 1.5~2 米，堆长 3~5 米。顶部用泥土或重物压紧。这种形式贮量较少，保存期短，适用于小型养殖规模。

（四）塑料袋贮

这种方法比较灵活，是目前国内外正在推行的一种方法。小型青贮袋能容纳几百千克，大的长 100 米，容纳量为数百吨。我国尚未有这种大袋，但有长宽各 1 米，高 2.5 米的塑料袋，可装 750~1 000 千克玉米青贮。一个成品塑料袋能使用两年，在这期间内可反复使用多次。塑料袋的厚度最好在 0.9~1 毫米，袋边袋角要封黏牢固，袋内青贮沉积后，应重新扎紧，如果塑料袋是透明膜应遮光存放，并避开畜禽和锐利器具，以防塑料袋被咬破、划破等。

二、青贮饲料的制作技术

要制作良好的青（黄）贮饲料，必须切实掌握好收割、运输、铡短、装实、封严等环节以及做到随收、随运、随切、随装窖。有条件的养殖场可采用青贮联合收获机械，收获、铡切一步完成。

1. 原料适时刈割收获

青贮原料过早刈割，水分多，不易贮存；过晚刈割，营养价值降低。收获玉米后的玉米秸应尽快青贮，不应长期放置。一般收割宁早勿迟。含水量超过70%时，应将原料适当晾晒到含水 60%～70%。几种常用青贮原料适宜收割期见表1-4-3。

表1-4-3　常用青贮原料适宜收割期

青贮原料种类	收获适期	含水量（%）
全株玉米（带果穗）	乳熟后期	65
收玉米后秸秆	籽粒成熟后立即收割	50～60
豆科牧草及野草	现蕾期至初花期	70～80
禾本科牧草	孕穗到抽穗期	70～80
甘薯藤	霜前或收薯前1～2天	86
马铃薯茎叶	收薯前1～2天	80

2. 运输、切碎

如果具备联合收割机最好在田间进行青贮原料的切铡，再由翻斗车拉到青贮窖，直接青贮，可以提高青贮质量。中小型牛场常在窖边边铡边贮，应在短时间内将青贮原料收到青贮地点，不要长时间在阳光下暴晒。切短的长度，细茎牧草以7～8厘米为宜，而玉米等较粗的作物秸秆最好不要超过1厘米。

3. 装窖与压紧

装窖前在窖的底部和四周铺上塑料布防止漏水透气。逐层装入，每层15～20厘米，装一层，踩实一层，边装边踩实。大型窖可用拖拉机镇压，装入一层碾压一层。直到高出窖口 0.5～1 米。秸秆黄贮在装填过程中要注意调整原料的水分含量。装填选择晴好的天气进行，尽量一窖当天装完，一般不得超2～3天，以防止变质和雨淋。青贮塔可适当延长，但越快越好。

4. 密封严实

青贮饲料装满（一般应高出窖口50～100厘米）以后，上面要用厚塑料布封顶，四周要封严，防止漏气和雨水渗入。在塑料布的外面用10厘米左右的泥土压实。同时要经常检查，如发现下沉、裂缝，要及时加土填实，要严防漏气漏水。

青贮塔青贮。把铡短的原料迅速用机械送入塔内，利用物料自然沉降将其压实。

地面堆贮。先按设计好的堆形用木板隔挡四周，地面铺10厘米厚的湿麦秸，然后将铡短的青贮料装入，并随时踏实。达到要求高度、制作完成后，拆去围板。

塑料袋青贮。用专用机械将青贮原料切短，喷入（或装入）塑料袋，排尽空气并压紧后扎口即可。如无抽气机，应装填紧密，加重物压紧。

5. 整修与管护

青贮原料装填完后应立即封埋。窖顶做成隆凸圆顶。四周挖排水沟。封顶后 2~3 天，在下陷处填土覆盖，使其紧实隆凸。

三、特殊青贮饲料的制作

（一）低水分青贮

低水分青贮亦称半干青贮，其干物质含量比一般青贮饲料高 1 倍多，具有干草和青贮料两者的优点，无酸味或微酸，适口性好，色深绿，养分损失少。

半干青贮主要优缺点如下。

① 扩大了制作青贮原料的范围，一些原来被认为难以青贮的豆科植物，均可调制成优良的半干青贮料。

② 与制作干草相比，制半干青贮的优点是叶片损失少（指豆科），不易受雨淋影响。一般在收割期多雨的地区推广半干青贮。

③ 与一般青贮相比，半干青贮由于水分含量低，发酵过程缓慢微弱，可抑制蛋白质的分解。味道芳香，酸味不浓，丁酸含量少，适口性好，采食量大。

缺点是制作半干青贮需用密封窖，因此成本较高。如果密封较差，则比一般青贮更易损坏。半干青贮的调制方法与一般青贮的主要区别是青贮原料刈割后不立即铡碎，而要在田间晾晒至半干状态。晴朗的天气一般晾晒 24~55 小时，即可达到 45%~55% 的含水量，有经验者可凭感官估测，如苜蓿青草当晾晒至叶片卷缩至筒状、小枝变软不易折断时其水分含量约 50%。当青贮原料已达到所要求的含水量时即可青贮。其青贮方法、步骤与一般青贮相同。但由于半干青贮原料含水量低，所以原料要铡得更细碎，压得更紧实，封埋得应更严实、更及时。一定要做到连续作业，必须保证青贮高度密封的厌氧条件，才能获得成功。

（二）拉伸膜青贮

这是草地就地青贮的最新技术，全部用机械化作业。操作程序为：割草→打捆→出草捆→缠绕拉伸膜。其优点主要是不受天气变化影响，保存时间长

（一般可存放 3~5 年），使用方便。缺点是需要专用机械操作，拉伸膜等投资也较大。

四、青贮饲料的品质评定

青（黄）贮饲料的品质评定分感官鉴定和实验室鉴定，实验室鉴定需要一定的仪器设备，除特殊情况外，一般只进行观感鉴定，即从色、香、味和质地等几个方面评定青（黄）贮饲料的品质。

（一）颜色

因原料与调制方法不同而有差异。青（黄）贮料的颜色越近似于原料颜色，质量越好。品质良好的青贮料，颜色呈黄绿色；黄褐色或褐绿色次之；褐色或黑色为劣等。

（二）气味

正常青贮料有一种酸香味，以略带水果香味为佳。凡有刺鼻的酸味，则表示含醋酸较多，品质次之；霉烂腐败并带有丁酸（臭）味者为劣等，不宜饲用。换言之，酸而喜闻者为上等；酸而刺鼻者为中等；臭而难闻着为劣等。

（三）质地

品质良好的青贮料，在窖里非常紧实，拿到手里却松散柔软，略带潮湿，不粘手，茎、叶、花仍能辨认清楚。若结成一团发黏，分不清原有结构或过于干硬，均为劣等青贮料。

总之制作良好的青贮料，应该是色、香、味和质地俱佳，即颜色黄绿、柔软多汁、气味酸香，适口性好。玉米秸秆青贮则带有很浓的酒香味。玉米青贮质量鉴定等级列于表1-4-4。

表1-4-4　玉米青贮品质鉴定指标

等级	色泽	酸度	气味	质地	结构	饲用建议
上等	黄绿色、绿色	酸味较多	芳香味浓厚	柔软稍湿润	茎叶分离、原结构明显	大量饲用
中等	黄褐色、黑绿色	酸味中等	略有芳香味	柔软而过湿或干燥	茎叶分离困难、原结构不明显	安全饲用
下等	黑色、褐色	酸味较少	具有醋酸臭味	干燥或黏结块	茎叶黏结、具有污染	选择饲用

随着市场经济的发展，青贮饲料逐步走向商品化，在市场交易过程中，其

品质与价格正相关，对其品质评定要求数量化，因而农业农村部制定了青贮饲料品质综合评定的百分标准，列于表1-4-5。

表1-4-5 青贮玉米秸秆质量评分

项目 总分值	pH 25	水分 20	气味 25	色泽 20	质地 10
优等 72~100	3.4（25）3.5（23） 3.6（21）3.7（19） 3.8（18）	70%（20）71%（19） 72%（18）73%（17） 74%（16）75%（14）	苷酸香味 （25~18）	黄亮色 （20~14）	松散、微软、 不粘手 （10~8）
良好 39~67	3.9（17）4.0（14） 4.1（10）	76%（13）77%（12） 78%（11）79%（10） 80%（8）	淡酸味 （17~9）	褐黄色 （13~8）	中间 （7~4）
一般 31~5	4.2（8）4.3（7） 4.4（5）4.5（4） 4.6（3）4.7（1）	81%（7）82%（6） 83%（5）84%（3） 85%（1）	刺鼻酒酸味 （6~1）	中间 （7~1）	略带黏性 （3~1）
劣等 0	4.8（0）	85%以上（0）	腐败味、 霉烂味（0）	暗褐色（0）	发黏、结块 （0）

优质青贮秸秆饲料应是颜色黄、暗绿或褐黄色，柔软多汁、表面无黏液、气味酸香、果酸或酒香味，适口性好。青贮饲料表层变质时有发生，如腐败、霉烂、发黏、结块等，为劣质青贮料，应及时取出废弃，以免引起家畜中毒或其他疾病。

五、青贮饲料的利用

（一）取用

青贮饲料装窖密封，一般经过6~7周的发酵过程便可开窖取用饲喂。如果暂时不取用，则不要开封，什么时候用，什么时候开。取用时，应以"暴露面最少以及尽量少搅动"为原则。长方形青贮窖只能打开一头，要分段开窖，逐层取用。取料后要盖好，以防止日晒、雨淋和二次发酵，避免养分流失、质量下降或发霉变质。发霉、发黏、发黑及结块的不能饲用。

青贮饲料在空气中容易变质，一般要求随用随取，一经取出，便尽快饲喂。

（二）喂量

青贮饲料的用量应视动物的种类、年龄、用途和青贮饲料的质量而定。除高产奶牛外，一般情况可作为唯一的粗饲料使用。开始饲喂青贮料时，要由少到多，逐渐增加，给动物一个适应过程。习惯后，再逐渐增加喂量。通常日喂量为成母牛 20~30 千克、育成牛 10~20 千克。青贮饲料具有轻泻性，妊娠母牛可适当减少喂量。饲喂青贮饲料后，要将饲槽打扫干净，以免残留物产生异味。

（三）注意事项

青贮饲料具有特定的气味，因而饲喂奶牛时应注意以下几点。

① 不要在牛舍内存放青贮饲料，每次饲喂量也不宜过多，使奶牛能够尽快吃完为原则。

② 有条件的奶牛场，采用挤奶厅挤奶，挤奶与饲喂分开进行，避免青贮味对乳品的影响。必须在牛舍挤奶的养殖场，可在挤完奶后饲喂青贮饲料。

③ 定期打扫牛舍，保持舍内清洁卫生；加强通风换气，减少舍内的青贮气味。

④ 饲用青贮饲料，要求每次饲喂后，都应打扫饲槽，特别是夏季，气温较高，饲槽中若有剩余的青贮料，会霉变，产生异味，影响舍内环境和动物健康。

⑤ 保持挤奶设备以及饲喂用具的清洁。挤出的牛奶应立即进行冷却。

另外，青贮饲料的营养成分，取决于青贮作物的种类、收获期以及存贮方式等多种因素。青贮饲料的营养差异很大，一般青贮玉米的钙、磷含量不能满足育成牛的需要，应适当补充。而与豆科牧草特别是紫花苜蓿混贮，钙、磷基本可以满足。秸秆黄贮，营养成分含量较低，需要适当搭配其他饲料成分，以维护奶牛健康以及满足其生长和生产需要。

第三节　青干草的加工调制技术

青干草是将牧草、饲料作物、野草和其他可饲用植物，在最适宜刈割时期刈割，经自然干燥或采用人工干燥法，使其脱水，达到能贮藏、不变质的干燥饲草。调制合理的青干草，能较完善地保持青绿饲料的营养成分。

一、牧草干燥过程的营养变化和损失

1. 干燥过程的生理损失

牧草在干燥过程中由于植物细胞的呼吸作用和氧化分解作用，营养物质的

损失一般占青干草总养分的 1%~10%。青草生长期间含水 70%~90%，在良好的气候条件下，刚刈割的青草散发体内的游离水速度相当快，在此期间，植物细胞并未死亡，短时间内其生理活动（如呼吸作用、蒸腾作用）仍在进行，从而使牧草体内营养物质遭到分解破坏。5~8 小时后可使含水量降至 40%~50%，细胞失去恢复膨压的能力，以后才逐渐趋于死亡，呼吸作用停止。细胞死亡以后，植物体内继续进行氧化破坏过程。这一阶段需 1~2 昼夜。水分降到 18% 左右时，细胞内各种酶的作用逐渐停止。这一时期内，水分是通过死亡的植物体表面蒸发作用而减少的。

为了避免或减轻植物体内养分因呼吸和氧化的破坏作用而受到的严重损失，应该采取有效措施，使水分迅速降低到 17% 以下，并尽可能减少阳光的直接暴晒。

2. 机械作用引起的损失

在干草的晒制和保存过程中，由于搂草、翻晒、搬运、堆垛等一系列机械操作，不可避免地使部分细枝嫩叶破碎脱落而损失。一般叶片可能损失 20%~30%，嫩枝损失 6%~10%。禾本科牧草损失 2%~5%，豆科草的茎秆较粗大，茎叶干燥不均匀，损失比较严重，为 15%~35%，从而造成牧草质量的下降。牧草刈割后立即进行小堆干燥的，干物质损失最少，仅占 1%。先后集成各种草垄干燥的干物质损失次之，为 4%~6%。而以平铺法晒草的干物质损失最为严重，可达 10%~14%。

3. 阳光作用引起的损失

在自然条件下晒制干草，阳光的直接照射可使植物体所含的胡萝卜素、维生素 C、叶绿素等均因光化学作用而遭破坏。相反，干草中的维生素 D 含量，却因阳光的照射而显著地增加，这是由于植物体内所含麦角固醇，在紫外光作用下，合成了维生素 D 的缘故。

4. 雨淋引起的损失

晒制干草最忌雨淋。晒制过程中如遇雨淋，可造成干草营养物质的重大损失，而所损失的又是可溶解、易被奶牛消化的养分，可消化蛋白质的损失平均为 40%，热能损失平均为 50%。由于雨淋作用引起营养物质的损失较机械损失大，所以晒制干草应避免雨淋。

5. 干草发霉变质引起的损失

当青干草含水量、气温和大气湿度符合微生物活动要求时，微生物就会在干草上繁殖，从而导致干草发霉变质，水溶性糖和淀粉含量显著下降，严重时脂肪含量下降，蛋白质被分解成一些非蛋白化合物，如氨、硫化氢、吲哚等气体和一些有机酸，因此发霉的干草不能喂奶牛。

二、牧草刈割时间

牧草过早刈割，水分多，不易晒干；过晚刈割，营养价值降低。禾本科草类在抽穗期，豆科草类在孕蕾及初花期刈割为好。部分牧草适宜的收割期见表1-4-6。

表 1-4-6 部分牧草适宜收割期

牧草种类	收割适期
紫花苜蓿	开花初期
红三叶	初花期到 1/2 开花期
杂三叶	初花期到 1/2 开花期
草木樨	开花初期
红豆草	1/2 豆荚成熟期
沙打旺	现蕾期前
绢毛铁扫帚	株高 30~40 厘米
葛藤	初夏或初秋
无芒雀麦	抽穗期或开花期
披肩草	孕穗期
羊草	抽穗期
苏丹草	孕穗期

三、青干草的制作方法

青干草的制作方法很多，分自然干燥法和人工干燥法。

1. 自然干燥法

自然干燥法不需要设备，操作简单，但劳动强度大，效率低，晒制的干草质量差，且受天气影响大。为了便于晾晒，在实际生产中还要根据晾晒条件和天气情况适当调整收获期，适当提前或延后刈割，以避开雨季。

（1）田间晒制法　牧草刈割后，在原地或附近干燥地段摊开暴晒，每隔数小时加以翻晒，待水分降至40%~50%时，用搂草机械或手工搂成松散的草垄，可集成0.5~1米高的草堆，保持草堆的松散通风，天气晴好可倒堆翻晒，天气恶劣时小草堆外面最好盖上塑料布，以防雨水冲淋。直到水分降到17%

以下即可贮藏，如果采用摊晒和捆晒相结合的方法，可以更好地防止叶片、花序和嫩枝的脱落。

（2）草架干燥法　草架可用树干或木棍搭成，也可以做成组合式三角形草架，架的大小可根据草的产量和场地而定。虽然花费一定的物力，但架上明显加快干燥速度，干草品质好。牧草刈割后在田间干燥半天或1天，使其水分降到40%~50%时，把牧草自下而上逐渐堆放或打成15厘米左右的小捆，草的顶端朝里，并避免与地面接触吸潮，草层厚度不宜超过70~80厘米。上架后的牧草应堆成圆锥形或屋顶型，力求平顺。由于草架中部空虚，空气可以流通加快牧草水分散失，提高牧草的干燥速度，其营养损失比地面干燥减少5%~10%。

2. 发酵干燥法

由于此法干燥牧草营养物质损失较多，故只在连续阴雨天气的季节采用。将刈割的牧草在地面铺晒，使新鲜牧草凋萎，当水分减少至50%时，再分层堆积高3~6米，逐层压实，表层用塑料膜或土覆盖，使牧草迅速发热。待堆内温度上升到60~70℃，打开草堆，随着发酵产生热量的蒸散，可在短时间内风干或晒干，制得棕色干草，具酸香味，如遇阴雨天无法晾晒，可以堆放1~2个月，类似青贮原理。为防止发酵过度，每层牧草可撒青草重0.5%~1.0%的食盐。

3. 人工干燥法

（1）塑料大棚干燥法　近年来，有些地区把刈割后的牧草，经初步晾晒后移动到改造的塑料大棚里干燥，效果很好。具体做法是把大棚下部的塑料薄膜卷起30~50厘米，把晾晒后含水量40%~50%的牧草放到棚内的架子或地面上，利用大棚的采光增温效果使空气变热，从而达到干燥牧草的目的。这种方式受天气影响小，能够避免雨淋，养分损失少。

（2）常温鼓风干燥法　为了保存营养价值高的叶片、花序、嫩枝，减少干燥后期阳光暴晒对维生素等的破坏，把刈割后的牧草在田间就地晒干至水分到40%~50%时，再放置于设有通风道的干草棚内，用鼓风机、电风扇等吹风装置进行常温吹风干燥。应用此方法调制干草时只要不受雨淋、渗水等危害，就能获得品质优良的青干草。

（3）低温干燥法　此法采用加热的空气，将青草水分烘干，干燥温度如为50~70℃，需5~6小时，如为120~150℃，经5~30分钟完成干燥。未经切短的青草置于浅箱或传送带上，送入干燥室（炉）进行干燥。所用热源多为固体燃料，浅箱式干燥机每日生产干草2 000~3 000千克，传送带式干燥机每小时生产量 200~1 000 千克。

（4）高温快速干燥法　利用液体或煤气加热的高温气流，可将切碎成 2~3 厘米长的青草在数分钟甚至数秒钟内可使牧草含水量从 80%~90% 降到 10%~12%。此法多用于工厂化生产草粉、草块。虽然有的烘干机内热空气温度可达到 1 100℃，但牧草的温度一般不超过 30~35℃，青草中的养分可以保存 90%~95%，消化率，特别是蛋白质消化率并不降低。鲜草在含有可蒸发水分的条件下，草温不会上升到危及消化率的程度，只有当已干的草继续处在高温下，才可能发生消化率降低和产品碳化的现象。

4. 调制干草过程减少损失的方法

干草调制过程的翻草、搂草、打捆、搬运等生产环节的损失不可低估，而其中最主要的恰恰是富含营养物质的叶片损失最多，减少生产过程中的物理损失是调制优质干草的重要措施。

（1）减少晾晒损失　要尽量控制翻草次数，含水量高时适当多翻，含水量低时可以少翻。晾晒初期一般每天翻 2 次，半干草可少翻或不翻。翻草宜在早晚湿度相对较大时进行，避免在一天中的高温时段翻动。

（2）减少搂草打捆损失　搂草打捆最好同步进行，以减少损失。目前，多采取人工一次打捆方式，把干草从草地运到贮存地、加工厂，再行打捆、粉碎或包装。为了作业方便，第一次打捆以 15 千克左右为宜，搂成的草堆应以此为标准，避免草堆过大，重新分捆造成落叶损失。搂草和打捆也要避开高温、干燥时段，应在早晚进行。

（3）减少运输损失　为了减少在运输过程中落叶损失，特别是豆科青干牧草，一定要打捆后搬运；二是打捆后可套纸袋或透气的编织袋，减少叶片损失。

四、青干草品质鉴定

（一）质量鉴定

1. 含水量及感官断定

青干草的最适含水量应为 15%~17%，适于堆垛永久保存，用手成束紧握时，发出沙沙响声和破裂声，草束反复折曲时易断，搓揉的草束能迅速、完全地散开，叶片干而卷曲。

青干草含水量为 17%~19% 也可以较好地保存，用手成束紧握时无干裂声，只有沙沙声，草束反复折曲不易断，搓揉的草束散开缓慢，叶子大多卷曲。

青干草含水量为 19%～20% 堆垛保存时，会发热，甚至起火，用手成束紧握时无清脆的响声，容易拧成紧实而柔韧的草辫，搓拧时不折断。

青干草含水量在 23% 以上时，不能堆垛保存，揉搓时没有沙沙响声，多次折曲草束时，折曲处有水珠，手插入草中有凉感。

2. 颜色、气味

绿色越深，营养物质损失越少，质量越好，并具有浓郁的芳香味，如果发黄，且有褐色斑点，无香味，列为劣等。如果发霉变质有臭味，则不能饲用。

3. 植物组成

在干草组成中，如豆科草的比例超过 10% 时为上等，禾本科草和杂草占 80% 以上为中等，不可食杂草占 10%～15% 时为劣等，有毒有害草超过 1% 的不可饲用。

4. 叶量

叶量越多，说明青干草养分损失越少，植株叶片保留 95% 以上的为优等，叶片损失 10%～15% 为中等，叶片损失 15% 以上时为劣等。

5. 含杂质量

干草中夹杂土、枯枝、树叶等杂质量越少，品质越好。

（二）综合感官评定分级

我国尚无统一标准，以下是内蒙古自治区干草等级标准，供参考。

一级：枝叶鲜绿或深绿色，叶及花序损失不到 5%，含水量 15%～17%，有浓郁的干草香味，但再生草调剂的优良干草香味较淡。

二级：绿色，叶及花序损失不到 10%，有香味，含水量 15%～17%。

三级：叶色发黑，叶及花序损失不到 15%，有干草香味，含水量 15%～17%。

四级：茎叶发黄或发白，部分有褐色斑点，叶及花序损失大于 15%，含水量 15%～17%，香味较淡。

五级：发霉，有臭味，不能饲喂。

五、青干草的贮藏与管理

合理贮藏干草，是调制干草过程中的一个重要环节，储藏管理不当，不仅干草的营养物质要遭到重大损失，甚至发生草垛漏水霉烂、发热，引起火灾等严重事故，给奶牛生产带来极大困难。

（一） 露天堆垛贮藏

垛址应选择地势平坦干燥、排水良好的地方，同时要求离牛舍不宜太远。垛底应用石块、木头、秸秆等垫起铺平，高出地面 40~50 厘米，四周有排水沟。垛的形式一般采用圆形和长方形两种，无论哪种形式，其外形均应由下向上逐渐扩大，顶部又逐渐收缩成圆形，形成下狭、中大、上圆的形状。垛的大小可根据需要而定。

1. 长方形草垛

干草数量多，又较粗大，宜采用长方形草垛，这种垛形暴露面积少，养分损失相应地较轻。草垛方向，应与当地冬季主风方向平行，一般垛底宽 3.5~4.5 米，垛肩宽 4~5 米，顶高 6.0~6.5 米，长度视贮草量而定，但一般不宜少于 8 米。堆垛的方法，应从两边开始往里一层一层地堆积，分层踩实，务使中间部分稍稍隆起，堆至肩高时，使全堆取平，然后往里收缩，最后堆积成 45° 倾斜的屋脊形草顶，使雨水顺利下流，不致渗入草垛内。

长方形草垛需草量大，如一次不能完成，也可从一端开始堆草，保持一定倾斜度，当堆到肩部高时，再从另一端开始，同样堆到肩高两边取齐后收顶。封顶时可用麦秸或杂草覆盖顶部，最后用草绳或泥土封压，以防大风吹刮。

2. 圆形垛

干草数量不多，细小的草类宜采用圆垛。和长方形草垛相比，圆垛暴露面积大，遭受雨雪阳光侵袭面也大，养分损失相对较多。但在干草含水量较高的情况下，圆垛由于蒸发面积大，发生霉烂的危险性也较小。圆垛的大小一般底部直径 3~4.5 米，肩部直径为 3.5~5.5 米，顶高 5~6.5 米，堆垛时从四周开始，把边缘先堆齐，然后往中间填充，务使中间高出四周，并注意逐层压实踩紧，垛成后，再把四周乱草拔平梳齐，便于雨水下流。

（二） 草棚堆垛

气候潮湿或有条件的地方可建造简易干草棚，以防雨雪、潮湿和阳光直射。这种棚舍只需建一个防雨雪的顶棚，以及防潮的底垫即可。存放干草时，应使棚顶与干草保持一定距离，以便通风散热。

（三） 防腐剂的使用

要使调制成的青干草达到合乎贮藏安全的指标（含水量 17% 以下），生产上是很困难的。为了防止干草在贮藏过程中因水分过高而发霉变质，可以使用防腐剂，应用较为普遍的有丙酸和丙酸盐、液态氨和氢氧化物（氨或钠）等。目前，丙酸应用较为普遍。液态氨不仅是一种有效的防腐剂，而且还能增加干草中氮的含量。氢氧化物处理干草不仅能防腐，而且能提高青干草的消化率。

（四）青干草贮藏应注意的事项

1. **防止垛顶漏雨**

干草堆垛后 2~3 周内，一般会发生明显坍陷现象，必须及时铺平补好，并用秸秆等覆盖顶部，防止渗进雨水，造成全垛霉烂。盖草的厚度应达 7~8 厘米，应使秸秆的方向顺着流水的方向，如能加盖两层草苫则防雨能力更强。

草垛贮存期长，也可用草泥封顶，既可防雨又能压顶，缺点是取用不便。

2. **防止垛基受潮**

干草堆垛时，最好选一地势较高地点作垛基。如牛舍附近无高台地，应该在平地上筑一堆积台。台高于地面35厘米，四周再挖35厘米左右深宽的排水沟，以免雨水浸渍草垛。不能把干草直接堆在土台上，垛基还必须用树枝、石块、乱木等垫高半尺以上，避免土壤水分渗入草垛，发生霉烂。

3. **防止干草过度发酵**

干草堆垛后，营养物质继续发生变化，影响养分变化的主要因素是含水量，凡是含水量在17%以上的干草，植物体内的酶及外部的微生物仍在进行活动，适度的发酵可以使草垛紧实，并使干草产生特有的香味。但过度的发酵会产生高温，不仅无氮浸出物水解损失，蛋白质消化率也显著降低。干草水分下降到20%以下时堆垛，才不致有发酵过度的危险。如果堆垛时干草水分超过20%，则垛内应留出通风道，或纵贯草垛，或横贯草垛，20米长的垛留两个横道即可。通风道用棚架支撑，高约3.5米，宽约1.25米，木架应扎牢固，防止草垛变形。

4. **防止草垛自燃**

过湿的干草，贮存的前期主要是发酵而产生高温，后期则由于化学作用过程，产生挥发性易燃物质，一旦进入新鲜空气即引起燃烧。如无大量空气进入，则变为焦炭。

要防止草垛自燃，首先应避免含水量超过25%的湿草堆垛。要特别注意防止成捆的湿草混入垛内。过于幼嫩的青草经过日晒后表面上已干燥，实际上茎秆仍然很湿，混入这类草时，往往在垛内成为爆发燃烧的中心。其次要求堆垛时，在垛内不应留下大的空隙，使空气过多。如果在检查时已发现堆温上升至65℃，应立即穿洞降温，如穿洞后温度继续上升，则宜倒垛，否则会导致自燃。

5. 干草的压捆

散开的干草贮存愈久，品质愈差，且体积很大，不便运输，在有条件的地方可用捆草机压成 30~50 千克的草捆。用来压捆干草的含水量不得超过 17%，压过的干草每立方米平均重 350~400 千克。压捆后可长久保持绿色和良好的气味，不易吸水，且便于运输喂用，比较安全。

第五章
奶牛饲养管理技术

第一节 犊牛的培育

一、初生期的护理

1. 清除黏液

犊牛出生后，首先清除口鼻内的黏液，确保呼吸顺畅。如果犊牛无呼吸，可将其倒提几秒钟控出口鼻内黏液，放平后再反复挤压胸部，进行人工辅助呼吸；也可用一根稻草或手指刺激鼻孔，促其恢复呼吸。

2. 消毒脐带

一般残留的犊牛脐带长度应小于10厘米，若脐带过长应用消毒后的剪刀剪至6厘米左右。脐带内的血液挤净后，用10%碘酒浸泡消毒断端。脐带处理完毕，擦干犊牛身上的水分，进行称重、编号后放入犊牛岛单独饲养。为防止发生脐带炎，犊牛出生后3天内喂奶时再用10%碘酒对脐带进行浸浴消毒。

3. 饲喂初乳

犊牛无法通过胎盘获取免疫球蛋白，必须通过初乳获得抗体，建立被动免疫系统。因此，犊牛应在出生后1小时内饲喂优质初乳，饲喂量为4千克，温度为（38±1）℃。如果犊牛未摄入足够量的初乳，可用干净卫生的食管饲喂器强制灌服。犊牛出生后3天内最好喂母乳，若母牛初乳品质差，可用同一天产犊母牛的优质乳饲喂，也可哺喂冷冻初乳（即冰冻保存的剩余优质初乳），用50℃水浸浴加热至38℃左右即可灌服，3天后逐步过渡到饲喂常乳。

初乳质量要求：产自干奶60天左右的健康经产牛（无乳腺炎），不稀薄成水样，颜色正常（不是血奶）。采用测定仪检测初乳质量是比较方便快捷的方法。

二、哺乳期的管理

常乳应采用60℃加热1小时的巴氏消毒方法进行有效消毒，以有效杀死副结核菌和其他病原微生物，并保持牛奶的营养。待牛奶温度冷却为38℃左右（温差控制在1℃内）后再饲喂，严禁用热水或冷水调节牛奶的温度。控制好犊牛出生后几周内所哺喂的牛奶温度非常重要，牛奶温度会影响食管沟的封闭状况，冷牛奶比热牛奶更容易进入瘤胃，因而饲喂冷牛奶更容易引起犊牛消化紊乱。

犊牛的哺乳期一般为50~55天，每天喂3次。生长良好的犊牛可在40天时改为日喂奶两次，50天时改为日喂奶一次。犊牛在任何时期断奶，开始几天体重都会下降，属正常现象。小牛断奶10天后应继续放在犊牛岛内饲养，直到小牛没有吃奶要求为止。

三、开食料的饲喂

采食粗糙的开食料是促使犊牛瘤胃发育的主要手段。犊牛出生后第4天即可开始训练采食开食料。为让犊牛尽快熟悉开食料，可将其混入牛奶中，诱导犊牛采食。在犊牛90日龄以前，应主要饲喂犊牛开食料；在90~120日龄，每天以3千克犊牛开食料为基础，加入0.5千克犊牛后期混合料进行换料过渡，再投给0.5千克优质苜蓿。犊牛后期混合料严禁饲喂青贮类发酵饲料。120日龄以后，每天饲喂犊牛开食料1.5千克、后期混合料1千克、优质苜蓿1千克（后期混合料与苜蓿混合均匀），并补充4千克泌乳前期TMR料。

四、断奶

从犊牛36日龄开始，进一步降低牛奶的饲喂量，增加开食料饲喂量，为犊牛断奶做好准备，尽量减少应激。犊牛50日龄左右彻底断奶，但不要在极端天气或气温突然变化的情况下断奶。犊牛断奶后要保证能随时获取混合料和洁净的饮用水。

五、分群

犊牛哺乳期单栏饲喂，断奶后单独饲喂7天左右，凑够8头一起调入犊牛棚，小群混养以适应群居生活。犊牛满4月龄体高达到100厘米时调入犊牛圈，散栏饲养。5~6月龄犊牛应根据个体大小分为两圈饲养，保证每头犊牛有 35 厘米的采食槽位。犊牛满 6 月龄体高达到 105 厘米以上调入小育成牛圈，开始饲喂小育成牛日粮。

六、日常管理

1. 保持清洁卫生

犊牛岛每天清理，保证清洁干燥；每周用 2% 二氧化氯溶液带畜消毒两次。犊牛转移到其他牛舍后，对犊牛岛彻底清理干净后用 2% 氢氧化钠溶液消毒，并空圈 7~10 天将犊牛岛晾干。喂奶用具，每次用后都要进行清洗，再用 0.5% 二氧化氯浸泡消毒。

2. 仔细观察犊牛健康状况

健康的犊牛通常处于饥饿状态，食欲缺乏是不健康的征兆。每天观察犊牛的食欲和粪便情况 3 次，一旦有疾病征兆就应测量犊牛的体温。犊牛的体温一般为 38.5~39.2℃，当体温高达 40.5℃ 以上时，要对犊牛进行治疗。

3. 供给充足饮用水

通常在喂初乳后 1 小时，用消过毒的水桶盛放适量的温水供犊牛饮用。在开始饮水的前几天，要控制犊牛的饮水量，待习惯后再放开任其自由饮用。一般在每年的 3—11 供给干净、清洁的自来水；在寒冷的冬季，供给 35℃ 左右的温水，以免造成犊牛冷应激。

4. 适时去角

犊牛去角工作一般安排在 2 周龄前后进行。去角办法有多种，以采用电烙铁烙的办法为好。

5. 正确剪除副乳头

正常的奶牛有 4 个乳头，但有的牛有五六个乳头，多余的乳头应剪除。剪除副乳头要选好时间，一般在犊牛出生时进行较适宜。首先将副乳头周围的皮肤用温水洗净，再用酒精进行消毒，然后将副乳头轻轻地向下拉，在连接乳房处用消过毒的剪刀（将剪刀放在 72% 酒精溶液中浸泡 10 分钟左右）将其迅速剪下，伤口用 10% 碘酒涂擦消毒。

6. 做好生产记录

在犊牛饲养过程中，要认真详细记录去角、开食料添加、断奶、注射疫苗、疾病治疗和转群等情况，便于总结饲养管理经验。

第二节 育成牛的饲喂与管理

在奶牛生长发育过程中，育成奶牛处于最旺盛的阶段，此时饲养好坏对其今后的健康状况、繁殖性能和生产性能具有很大的影响。该阶段的重点是确保育成奶牛能够正常生长发育，并适时进行配种，及早用于生产。如果奶牛饲养管理较好，育成后通常能够确保发育良好，从而在今后的生产中促使遗传潜力能够充分发挥，提高产奶量。

一、日粮供给

7~12月龄的育成奶牛处于发育速度最快的阶段，此时可每头每天供给2~2.5千克精饲料，10~15千克青贮饲料，2~2.5千克干草，注意避免过量饲喂而使其摄取过多营养，从而导致体况过肥。育成奶牛体重应该达到400~420千克，该阶段每头每天饲喂3~3.5千克精饲料，15~20千克青贮饲料，2.5~3千克干草。育成奶牛在7月龄时，随着其生长发育，瘤胃体积也逐渐增大，且许多消化日粮中含有粗纤维，也就是说摄取粗饲料中的营养逐渐变得更加重要。在8~9月龄，育成奶牛粗饲料的干物质中的一半需要通过饲喂青干草获得，且此时使用的精饲料质量和饲喂量主要由粗饲料的质量决定。这是由于精饲料的组成和质量需要配合粗饲料中含有的营养物质，因此必须对粗饲料进行相关的分析测定，才能够保证二者配合得当。10~12月龄之后，育成奶牛就能够饲喂优质青贮饲料，通常按每百千克体重饲喂青贮5千克，如果任奶牛自由采食玉米青贮，有可能导致其体况过肥。对于12月龄以上的育成奶牛，必须控制含有高能量青贮的饲喂量，从而防止膘情过肥，通常青贮草的饲喂量够奶牛在10~12小时内消化完即可。

育成奶牛要固定饲喂时间，从而促使其形成良好的条件反射，刺激消化液分泌，增强对饲料的消化和营养物质的吸收。育成奶牛每天饲喂3次，时间分别是早晨5时、中午12时和晚上7时。饲喂时每次要少喂勤添，先粗饲料后精饲料，结束采食30分钟后再供给饮水。

二、日常管理

（一）分群管理

育成奶牛要根据其年龄和实际体重进行分群，从而便于工作人员进行饲喂和管理，同时要供给足够的新鲜饲料和清洁饮水。

（二）注意观察

定期观察育成奶牛的膘情，防止体况过肥，否则会影响其骨骼、乳腺、生殖器官的发育。对于超过9月龄的育成奶牛，要密切注意初次发情的情况，并对其进行详细记录。

（三）加强运动

育成奶牛坚持进行户外运动，能够确保食欲，心肺发达，体壮胸阔。如果奶牛缺乏运动，且饲喂过多精料，容易导致体况过肥，体脂较厚，体躯较短，身高矮小，早熟早衰，缩短利用年限，产奶量下降。

（四）乳房按摩

当育成奶牛到达7~18月龄，要坚持每天对乳房按摩1次，每次持续5~10分钟，这样能够促进乳腺快速发育，从而使产奶量提高。另外，对育成奶牛乳房进行按摩，还能够使其尽早适应挤奶操作，防止产犊后发生拒绝挤奶的现象。据报道，育成奶牛在6~18月龄每天按摩乳房1次，在18月龄之后每天按摩2次，且每次都配合使用浸有热水的毛巾擦洗乳房，可使其产奶量提高13.3%。

（五）刷拭和调教

育成奶牛要每天进行1~2次刷拭，每次持续5~10分钟，能够使牛体保持清洁，加速皮肤代谢，且养成温顺的性格。另外，育成奶牛要进行拴系调教和认位定槽，这样有利于成年后的管理。此外，还要注意定期对育成奶牛进行检蹄和修蹄。

（六）定期称重

育成奶牛要定期测定体尺，每月称量体重，从而能够检查并了解生长发育情况，并据此对日粮结构进行及时调整，确保体况保持良好。如果发现有异常情况，要立即查明原因，并采取相应的有效措施进行调整。

三、适时配种

育成奶牛需要根据自身的发育情况确定适宜的配种年龄。配种过早，会使其正常的生长发育受到影响，导致终生泌乳量降低，明显缩短利用年限；配种过晚，会导致饲养成本增加，同时造成利用年限缩短。育成奶牛之前通常采取在16~18月龄进行初次配种，但随着管理水平和饲养条件的不断改善，在13~14月龄体重就能够达到成年体重的70%，也就说此时能够进行配种。配种的提前能够使奶牛的终生产奶量大幅度提高，从而使经济效益显著增加。

四、妊娠期的饲养

妊娠前期，可按照育成期进行饲养。如果放牧条件较好，可任其自由采食补充的干草就能够满足需要。如果采取舍饲，每天要饲喂11千克干草和1.5千克精料；如果饲喂青贮料，则供给5.5千克干草和10千克左右的青贮料。妊娠后期，即临产前的2~3个月，此时所需的营养物质明显增加，同时由于瘤胃受到子宫的压迫，导致减少采食粗饲料，因此要使日粮中精料所占的比例提高。精料比例要低于体重的1%，同时每天饲喂8千克青贮料，自由采食青草，饲养标准是产前3个月内的日增重保持低于1千克。另外，该阶段要对奶牛的乳房进行按摩，每天1次，每次持续5分钟左右。乳房使用温水进行清洗，从而刺激乳腺发育，有利于产奶量的提高，同时使其逐渐适应产奶后的挤奶过程。通常奶牛在妊娠5~6个月开始按摩乳房，持续到产前半个月停止。

第三节　泌乳奶牛的一般管理技术

一、奶牛泌乳生理及其影响因素

（一）奶牛乳房的构造

1. 乳房的外形

（1）乳区　乳房悬韧带和其他结缔组织把乳房分成4个独立的乳区，每个乳区有1个乳头。

（2）乳头　位于每个乳区的中央，乳头长度6厘米左右，直径2厘米左右，乳头末端形态以圆形且顶端略外突为佳。乳头开口由乳头括约肌包围，阻止牛奶的流出和异物、微生物的进入。

2. 乳房内部组织

（1）乳腺组织 乳腺泡是乳腺的最小单位，在挤奶时，由于催产素的作用，包围在乳腺泡外的乳泡纤维收缩，使乳腺泡中生成的牛奶通过乳细、小、大导管排入乳池，最后通过乳头口被挤（吸）出。

（2）乳腺 在出生前已形成，但直到初情期才开始发育，青年母牛怀孕的最后3个月是乳腺生长发育最快的阶段。青年母牛的健康与营养状况直接影响乳腺的发育。

（二）奶牛的泌乳生理

1. 泌乳的发动与维持

乳的分泌是一种复杂的乳腺活动过程，这一分泌过程受内分泌和神经系统的调节。

母牛分娩之前，脑垂体前叶的生乳素含量急剧增加，这对产犊后初乳的分泌是必要的。乳牛分娩时，胎儿通过产道，刺激子宫颈，通过中枢神经引起垂体前叶大量地释放促乳素，当血液中促乳素达到一定浓度时，母牛开始大量泌乳。

2. 乳的合成

乳腺泡上皮细胞是制造乳汁的部位，它们从周围的毛细管血液中取得各种营养原料。当血液流经乳腺组织时，一部分通过选择性地吸收直接成为乳的成分，如水分、乳白蛋白、乳球蛋白、激素、无机盐及维生素等；另一部分吸收后被重新合成新物质组成乳的成分，如乳糖、乳脂肪、酪蛋白等。

乳房中血液的流量，根据试验，每产1升奶需387~500升血液流入乳房。因此，外形上乳静脉的鲜明、粗细和弯曲的多少常作为鉴别乳牛生产力高低的依据之一。

3. 排乳

当按摩、挤奶或犊牛吸吮时，乳头和乳房皮肤上的神经受到刺激，传到脑垂体后叶，垂体后叶即分泌催产素，经血液输送到乳腺，使腺泡和腺小管的肌上皮细胞收缩，增加乳腺内压，迫使乳汁由腺泡腔、腺小管流入导管系统，并进入乳池，然后乳头括约肌松弛，乳汁排出。因此，良好的条件刺激，如固定挤奶员，熟练的挤奶技术，安静的环境，固定的挤奶程序以及饲养工作日程的相对稳定等，都能使乳牛正常泌乳，提高产乳量，反之，会影响泌乳，降低产乳量。

（三）影响奶牛泌乳性能的因素

1. 遗传因素

（1）品种间差异　奶牛品种不同，在产奶量和乳脂率方面存在很大不同，与地方奶牛品种相比，通过高度培育的品种产奶量明显升高。另外，产奶量和乳脂率之间呈反比例的关系，即奶牛的产奶量较高，其具有相对较低的乳脂率，但是通过有计划地进行选育，也能够使乳脂率有所提高。现在，世界上5个主要奶牛品种中，产奶量最高的是黑白花奶牛。

（2）个体间差异　在同一品种内，对于不同的奶牛个体，尽管所处的生理阶段相同，加之饲养管理条件也相同，但在产奶量和乳脂率方面依旧存在差异。例如，黑白花奶牛的产奶量可在 3 000~12 000 千克范围内变化，乳脂率可在 2.6%~6.0% 范围内变化。

（3）体格和体重差异　对于体格大小和体重高低不同的奶牛来说，其产奶量有所不同。正常情况下，奶牛体格越大，则其体躯容量越大，消化道容量也越大，就需要更多的采食，加之其泌乳器官较大，导致其产奶量相对比体格小的奶牛要多。在一定范围内，奶牛每 100 千克体重能够泌乳 1 000 千克；但是当超出一定范围时，尽管奶牛体重在不断增加，其产奶量却不会随之明显增加，因此奶牛的体重选择在 550~650 千克范围内比较适宜。

2. 饲养管理水平

奶牛的产奶性能在很大程度上与饲养管理水平相关。奶牛在饲养管理良好条件下，不仅能够使其产奶量直接明显提高，还能够通过加速生长发育而使其投产月龄提前，同时使繁殖性能明显提高，确保母牛持续健康发展，从而使整个牛场的群体生产水平明显提高；反之，如果饲养管理条件较差，容易导致奶牛繁殖性能降低，产奶量降低，投产月龄延后，最终造成其生产水平明显下降。因此，必须使奶牛的饲养管理条件优良。

奶牛生长发育以及生产所需要的能量、蛋白质、矿物质和维生素只能够从饲料中摄取，因此要根据其所处的饲养阶段不同饲喂相应的饲料，从而确保其产奶量增加，同时促进生长发育。奶牛的饲料要采取多样化搭配，以优质干草为基础，以青绿饲料为主，营养不足的部分通过添加精料和适量添加剂进行补充。以干物质计算，奶牛日粮中粗饲料、青绿饲料和精饲料的比例控制在 3：5：2 为宜。尤其在奶牛泌乳期更要多样化搭配饲料，确保青绿多汁饲料和粗饲料都有 2 种以上，如青干草、稻草或玉米皮等，精料有 4 种以上原料组成，如由玉米面、大麦、饼粕、麸皮等组成。如果条件允许，奶牛还可饲喂一些啤酒糟、豆腐渣、果皮等副料。

在管理方面,确保奶牛在舍饲期间每天保持适量的运动,既能够锻炼身体、促进健康、加强体质,还能够使泌乳性能提高。奶牛饮水条件良好,能够使其保持高产,且体质健康。在牛舍内最好安装自动饮水器,运动场安装水槽,使其随时随地都能够饮用到清洁新鲜的水。奶牛饮水温度通常控制在10~15℃,尤其是冬季更要注意给其饮用温水,从而使其产奶量保持相对稳定和提高,并有利于保持体温,促使食欲增加,增强血液循环。如果奶牛在冬季饮用冷水,导致体内大量的热能被消耗用于增加体温,从而使其产奶量明显降低。

3. 环境温度

通常来说,奶牛具有怕热不怕冷的特点,适宜的温度范围是0~20℃,其中10~16℃是最适宜温度。据报道,当环境温度降低到-13℃左右或者升到25℃左右时,奶牛的产奶量会开始明显下降。这是由于温度过低,机体增加散热量,导致能量损失增大,使其很难维持正常的生理机能,从而造成产奶量减少;温度过高,导致奶牛采食量降低,从而引起产奶量降低。因此,在奶牛日常管理工作中,必须在冬季加强防寒保暖,夏季加强防暑降温,从而避免其出现季节性产奶的现象。冬季为防寒保暖,在入冬前必须堵塞漏洞、修补门窗,使牛舍保温良好;牛床禁止用水冲洗,确保其保持干燥;喂温料,饮温水,并及时清粪,同时喂料量可适当增加等。

4. 疾病和应激因素

奶牛产奶量还会受到某些疾病的影响,主要是乳房炎、代谢病、肢蹄病、产科病、消耗性疾病、消化系统疾病和能够导致体温升高的其他传染病和普通病。其中奶牛常见的多发病是乳房炎,且对其生产具有较大危害。据报道,奶牛临床型乳房炎发病率为3%~5%,占其总发病率的20%~25%;隐性乳房炎的发病率为38%~62%。奶牛因患有乳房炎而被淘汰的数量是成年母牛淘汰数量的10%~15%,因此必须加强防治奶牛疾病,将疾病影响奶牛健康和产奶量的程度降到最低。应激因素,如天气剧烈变化、长途运输、突然更换饲料、经受类似鞭炮声、电锯声的剧烈噪声刺激等都可能导致奶牛产奶量降低。

二、奶牛的一般管理技术

(一) 饲喂技术

饲喂乳牛要定时定量,以使牛的消化液分泌形成规律,增强食欲和消化能力。每日饲喂次数与挤奶次数相同,一般为3次。每次饲喂要少喂勤添,由少到多。饲料类型的变换要逐渐进行。饲喂顺序,一般是先粗后精,先干后湿,先喂后饮,以刺激牛胃肠活动,保持旺盛食欲。

（二）饮水

水是牛体不可缺少的营养物质，对产乳母牛特别重要。日产 50 千克的乳牛每天需要饮水 50~75 千克。因此，必须保证乳牛每天有足够的饮水，同时要注意饮水卫生。冬季水温不宜太低，夏季炎热应增加饮水次数。

（三）运动、刷拭

运动有助于消化，增强体质，促进泌乳。运动不足，牛易肥胖，会降低泌乳性能和繁殖力，易发生肢蹄病，故应保证适当的运动。乳牛每天应保持 2~3 小时的户外运动、晒太阳和呼吸新鲜空气。

刷拭可保持牛体清洁卫生，增强皮肤新陈代谢，改善血液循环。刷拭方法：饲养员左手持铁梳，右手拿软毛刷，由颈部开始，从前向后，从上向下，依次刷拭。中后躯刷完后再刷头部，最后刷四肢和尾部。刷拭时用软刷先逆毛刷一次，后顺毛用铁梳刮掉污垢，每刷 2~3 次后随即敲落铁梳上积留的污垢。刷拭宜在挤奶前 30 分钟进行，以免尘土、牛毛等污物落到饲料和牛奶内。

（四）肢蹄护理

乳牛肢蹄患病，会降低生产性能，减少利用年限。因此应经常保持牛蹄壁及蹄叉清洁，清除附着的污物。为防止蹄壁破裂，可经常涂凡士林等。蹄尖过长要及时修整，修蹄一般在每年春秋定期进行。为保持牛蹄清洁，乳牛活动的场所应保持清洁干燥，不要让牛站在泥水中。

1. 修蹄

首先，应对蹄仔细观察。削蹄前，要观察蹄形存在的问题，因此要观察牛站立、走动的情况，从牛前后、侧面查看延长突出部、角度，对左右蹄、内外蹄进行对比，判断其蹄形、肢势，趾轴是否一致等。根据这些就可开始修蹄。修蹄的最终目的，一是要使蹄的负面平整，二是要加大负面纵径，以便能均匀地负担体重和安全行走。

（1）正常蹄的切削法　长时间未修但蹄形无异常变化的，可按正常切削法处理。先切削蹄底部，由蹄踵到蹄底，再到蹄尖。削到蹄底与地面平行为止。削时注意用手指按蹄底要有硬度，特别注意蹄底一旦出现粉红色，就应停止。

（2）幼牛蹄修剪法　幼牛蹄长得慢，无须大修，可用蹄剪一点一点剪齐，或叫牛站木板上用錾子凿齐。注意一点一点削，以免削过头。最后用锉子磨齐。如有必要再削蹄底面。

（3）副蹄的切削法　副蹄长了最易创伤母牛的乳头、乳房，尤其在分娩前后母牛起卧频繁，泌乳盛期乳房膨大时，更易伤着乳房。另外，副蹄长了也不美观，所以必须及时修剪。可用蹄钳、蹄剪切短，最后用锉或砂轮磨圆。

（4）对"X"肢势、刀状肢势的矫正　后肢"X"肢势，可多削点外蹄使左右肢的关节离开一些。镰刀后腿往往与长蹄有关，这时可按长蹄切削。如果是"O"状后肢则宜多削两后蹄的内蹄。

（5）对长蹄、刀蹄、长嘴蹄、猪蹄、拖鞋蹄的修法　由于牛体重长期落在蹄踵上，蹄子延长，蹄底满现阔，蹄尖上翻，蹄角度低，在不伤害蹄的情况下，可多削蹄尖及蹄侧，但要削2~3次，隔1周修1次。如果削后蹄负面、蹄面仍与地面不平有缝隙，就要对蹄踵适当削切，增加负面纵径，使蹄完全接触地面。

（6）对上翻、内卷、凹弯蹄的修法　由于蹄踵负重过大会使蹄尖上翻，又由于长期饲养在牛舍中，起立时采取广踏，造成内侧蹄壁卷曲。因而修蹄时一定要内外蹄削匀，使内外蹄能平均负担体重。

修蹄应注意，善用保定架，也可用手举蹄但时间长了太费力，削蹄的效果就差。用保定架拴牛要注意牛的安全，不要伤着脊椎骨、角、鼻中隔、四肢。牛胆小，操作不可粗暴，可让它吃点草，或搔痒，使其安静。切削蹄尖时，蹄底及蹄负面容易削过头。蹄尖特别弯曲，不要一次削好，这样容易削过头。蹄底一般都薄，决不可削过。蹄缘上要除去枯角，负面不可突出。要特别注意削变形蹄、长蹄，修蹄可分两三次进行。削蹄结束时，应将蹄外缘锉圆，免得伤到乳房、乳头。

2. 蹄浴

蹄浴常用的药物是硫酸铜溶液。具体方法是在清除牛蹄表面和蹄叉内的杂质后，用10%硫酸铜溶液喷洒蹄面和蹄叉，可视环境情况不定期进行。每月可用20%硫酸铜溶液浸泡牛蹄1次。

3. 肢蹄日常护理要点

正确使用垫草和垫料，保持牛床和地面干燥，经常清除蹄叉中夹带的牛粪，避免长途赶牛行路，防止物理伤害。地面必须无异物，也不可有尖锐的棱角，如粪尿沟等，冬季也不许有冰结的泥块。

（五）防暑防寒

黑白花牛最适宜的外界环境温度为12~15℃。夏季要特别注意搞好防暑工作，有条件的可在牛舍内安装电风扇。牛舍周围及运动场上应植树遮阴。适当喂给青绿多汁饲料，增加饮水，消灭蚊蝇。冬季牛舍注意防风，保持干燥。不给牛饮用冰渣水，水温最好保持在12℃以上。

（六）挤乳技术

挤乳是发挥母牛泌乳潜力的重要环节之一。挤乳技术的熟练和正确与否直接影响产乳量。乳牛一般每天挤乳 3 次，产乳 15 千克以下的乳牛每天可以挤 2 次。每次挤乳间隔时间，每天挤乳 3 次的以白天间隔 7 小时、夜间间隔 10 小时为宜，每天挤乳 2 次的以早晚各挤乳 1 次为好。

1. 手工挤乳

（1）挤乳前的准备　清除牛体沾的粪、草，清除牛床粪便。准备好擦洗乳房的温水。备齐挤乳用具（挤乳桶、过滤用纱布、洗乳房水桶、盛乳罐、毛巾、小凳、秤、记录本等）。挤乳员剪短指甲，穿好工作服，洗净双手。

擦洗乳房。用 40～45℃温水将毛巾浸湿擦洗乳房，通过温热刺激乳腺神经兴奋，加快乳汁的合成与分泌，提高产乳量，保证乳房和牛奶的卫生。擦洗时由乳头至乳房底部，自下而上擦净整个乳房。乳房显著膨胀时即可开始挤奶。

按摩乳房：挤奶前应进行乳房按摩，通过机械刺激加快泌乳反射的形成，加速乳汁的分泌与排出，一般在挤奶前和挤奶过程中各按摩 1 次。有时为了挤净乳房内的奶，在挤奶结束前还可再按摩一次，每次 1～2 分钟。

第一次采取分侧按摩，挤奶员坐在牛的右侧，先用两手抱住乳房的右侧两乳区，自上而下，由旁向内反复按摩数次；然后两手再移至左侧两乳区同法按摩；最后两手托住整个乳房向上轻推数次，当乳房膨胀且富有弹性时，说明乳房内压已足，便可开始挤奶。

第二次采取分区按摩，按照右前、右后、左前、左后四个乳区依次进行。按摩右前乳区时用两手抱住该部，两拇指放在右外侧，其余各指分别放在相邻乳区之间，重点地自上而下按摩数次。此时两拇指需用力压迫其内部，以迫使乳汁向乳池流注。其他乳区也按同样方法按摩。

高产奶牛可作第三次按摩，采取分区按摩，对余奶较多的牛也可采用"撞击"的方法。若乳池中的乳汁已经挤净，可托住乳房底部，向上模仿犊牛吃乳时顶乳房的动作，"撞击"数次，再用一手掐住乳区的乳池部，另一手挤奶，分别将各乳区剩余的奶挤出，力争挤净最后一滴，有利于提高乳脂率。

（2）挤乳方法　手工挤奶时，挤奶员坐在矮凳上于牛右侧后 1/3 处，与牛体纵轴呈 50°～60°的夹角。奶桶夹于两大腿间，左膝在牛右侧飞节前附近，两脚尖朝内，脚跟向侧方张开，以便夹住奶桶。通常采用压榨法，其手法是用拇指和食指扣成环状紧握乳头基部，切断乳汁向乳池回流的去路，然后再用其余各指依次挤压乳头，使乳汁由乳头孔流出，然后先松开拇指和食指，再依次舒展其余各指，通过左右手有节奏地挤压与松弛交替进行，即一紧一松连续进行，直至把奶挤净。要求用力均匀、动作熟练。注意掌握速度，一般要求每分钟挤乳 60~80 次。在排乳的短暂时刻，要加快速度，在开始挤奶和临结束前，速度可稍缓慢，但要连续挤完。顺序为一般先挤后面的乳头，而后再挤前面的乳头。注意严格按顺序进行，使其养成良好条件反射。牦牛及少数初产母牛，因乳头太小，不便于用压榨法挤乳，可采用滑下法。其挤乳方法是，用拇指和食指紧夹乳头基部，然后向下滑动，左右手反复交替进行。此法容易使乳头变形或损伤乳头管黏膜，也不卫生，故一般不宜采用。

挤乳时挤乳员坐姿要端正，对牛亲和，不可粗暴，注意安全；挤乳要定人、定时、定次数、定顺序进行；开始挤出的几滴乳，因细菌含量较高应弃掉；患乳房炎等病的牛放在最后挤，对性格暴躁、不老实的牛，先保定两后腿再进行挤乳。

2. 机器挤乳

机器挤乳与手工挤乳不同的是，它利用真空造成乳头外部压力低于乳头内部压力的环境，使乳头内部的乳汁向低压方向排出。机器挤乳速度快，劳动强度较轻，节省劳力，牛乳不易被污染。但是必须遵守操作规程，经常检查挤乳设备的运转情况，如真空和节拍等是否正常，否则会引起乳牛乳房炎，产乳量下降。

 # 第四节　泌乳母牛各阶段的饲喂与管理

一、泌乳牛各阶段的饲养

按照奶牛泌乳情况，通常将奶牛泌乳期分为围产期、泌乳盛期、泌乳中期、泌乳后期和干奶期 5 个阶段。

（一）围产期

围产期是指母牛分娩前后 15 天的时间。此时母牛生殖器官最易染病，饲养管理以加强母牛和犊牛的保健为中心，防止疾病发生。

1. 围产前期

母牛产前 7~14 天，用 2%~3% 来苏尔洗刷后躯和外阴，用毛巾擦干后转入清洁、事先用 2% 火碱喷洒消毒过的产房。临产前饲养应以优质青干草为主，根据母牛体况适当添加精料，但最高添加量不超过母牛体重的 1%。临产前 2~3 天，饲喂低钙日粮，适当增加麸皮喂量，以防母牛便秘；日粮精粗比例控制在 39：61 为好；产前乳房严重水肿的母牛，尽量少喂精料。

2. 分娩期

母牛分娩时保持产房安静，取左侧躺卧位，减轻瘤胃压迫，促进胎儿快速娩出。分娩后尽早驱使母牛站立起来，加快子宫复位，促进恶露排出，防止子宫外翻。产后 2 小时，按摩乳房并开始挤奶，尽快让犊牛吃上初乳。

（1）饮喂麸皮盐钙水 麸皮 1~2 千克、食盐 100~150 克、碳酸钙 50~100 克，加温水 15~20 千克，分次饮喂，可促进分娩母牛体质快速康复。

（2）饮喂益母草红糖水 益母草 250 克、水 5 000 毫升，煎至 3 000 毫升，加红糖 1 千克，1 次饮服。每天 1 次，连服 3 剂。可促进恶露排出，加快子宫康复。

3. 围产后期

母牛分娩后体质较弱，对疾病抵抗力差，消化机能减退，产道也尚在复原中，容易导致体内养分供应不足，引发疾病。

（1）饮喂管理 产后 2~3 天，以优质青干草和少量麸皮为主；产后 3~5 天，可逐渐增加精料和青贮饲料喂量，每天精料喂量不要超过体重的 1.5%。饮用温水，可把麸皮加进饮水中喂用，1 周后过渡到饮用常水。尽量少喂青贮饲料、青绿多汁饲料、糟渣类饲料和块根块茎类饲料。

（2）观察进食情况 喂精料后，要观察当天的进食情况。若料槽内没有精料剩余，且还能吃大量青干草，母牛精神、排粪、反刍等均正常，泌乳量也在增加，则每天可加喂 0.5~1 千克精料；如母牛采食料量少，料槽内有剩余的精料，食欲不振，则不能再加精饲料。

（3）注意防病 勤按摩乳房，或用热毛巾擦洗、按摩、热敷，注意防控产后瘫痪、酮病、真胃变位、自体酸中毒等代谢性疾病。

（二）泌乳盛期

泌乳盛期是指母牛分娩后第 16~100 天。这一时期面临的主要任务是泌乳高峰与采食量高峰的不同步，必然导致日粮供给的养分不能满足母牛的营养需要，引起能量的负平衡。如果饲养不当，产奶量达不到高峰，即使是高产，维持高峰时间也很短。

① 精粗饲料比例为 65：35 的持续时间不得超过 30 天。

② 混合料中的玉米等谷实类饲料不易粉碎太细，颗粒要大小均匀，尽量减少产生粉末。

③ 母牛需要大量粗蛋白质，饲喂过瘤胃蛋白质含量高的饲料特别有效。

酒糟等饲料中含过瘤胃蛋白较多，可适量加入混合精料。

④ 使母牛吃到足够的饲料，应延长采食时间，增加饲喂次数。但应注意，谷物饲料的最高喂量不应超过 15 千克。

（三）泌乳中期

泌乳中期是指母牛分娩后第 101~210 天。这一阶段母牛能够获得足够而平衡的营养，子宫恢复正常，卵巢机能活跃，可以顺利发情、排卵和受孕。

① 调整精料喂量，以免采食过多而造成饲料浪费。

② 粗料喂量：青贮、青饲料 15~20 千克，糟渣料 10~12 千克，块根多汁类饲料 5 千克，青干草 4 千克。

（四）泌乳后期

泌乳后期一般指分娩后第 211 天到停奶。这一阶段营养需要包括维持、泌乳修补、胎儿生长和妊娠沉积养分等，养分的总需要量在增加。一般牛日增长可达 500~700 克。这一时期产奶量明显下降，可视食欲、体膘调整日粮需要，精粗比 40：60，在干奶前 1 个月，应将泌乳前期损失的体膘恢复到 7.5 成。

① 日粮除应按产奶量给予营养外，还要考虑母牛的实际膘情，控制精料和玉米青贮的给量，防止母牛过肥；对低产牛不需喂高营养水平的日粮，否则造成浪费。

② 在预计停奶以前必须进行一次直肠检查，最后确定是否妊娠，以便及时停奶。有时个别牛可能怀双胎，则应按双胎确定该牛干奶期的饲养方案，需合理地提高饲养水平，增加 3~5 千克产奶量的饲料。

③ 要禁止喂冰冻或发霉变质的饲料，防治机械性流产。

（五）干奶期

干奶期指母牛产前 60 天。

1. 逐渐停奶法

通过改变饲料，限制饮水，减少挤奶次数（先由日挤奶 2~3 次改为日挤奶 1 次，然后隔 2 日挤奶 1 次）来抑制乳腺分泌活动，在 1~2 周泌乳活动停止。最后一次挤奶时须请兽医检查，停奶后用药封闭乳头。

2. 快速停奶法

达到停奶之日即认真按摩乳房，将奶挤净，擦干乳房、乳头，即停止挤奶。该法对有乳房炎病史或正患乳房炎的乳牛不宜采用。

3. 乳房监测

停奶后 10~15 天以内，要注意观察乳房，如果除了红肿之外，还伴有热痛或硬块出现时，应及时请兽医治疗。同时应继续挤奶，待炎症消失后重新停奶。

4. 日粮组成

青贮料 10~15 千克，干草 3 千克，青绿饲料 5 千克，糟渣料不超过 5 千克，精料以 3~4 千克为宜。

二、泌乳牛的管理

（一）加强产后母牛的监护

① 母牛产后 20~30 分钟，饮喂 1% 麸皮食盐水。

② 对产后努责强烈的母牛要及时诊治。

③ 胎衣在产后 10~12 小时仍未脱落者应及时处理。

④ 产后 30~35 天进行直肠检查判断子宫恢复和卵巢变化情况。

⑤ 产后 50~60 天尚未发情表现的牛可用药物诱导发情。

（二）注意饲喂方式

每天 3 次饲喂 3 次挤奶，挤奶间隔为 8 小时，饲喂顺序先粗后精，先喂后饮。变更饲料或引进新饲料要逐渐更换，不可突然打乱采食习惯。饲槽内放置含有矿物元素的盐砖，让牛自由采食。

（三）搞好牛体、牛床和挤奶卫生

每天刷拭牛 1 次，以促进新陈代谢，有利于健康和生产性能的提高。刷拭牛不要在喂料和挤奶时进行，以免尘土、牛毛等污物落到饲料和牛奶中。及时清洗牛床，保持牛舍通风，空气新鲜，干燥清洁。

（四）饮水

对产奶母牛必须供给充足清洁的饮水。

（五）运动

只在饲喂和泌乳母牛挤奶时留在舍内，其余时间可让其到运动场上自由活动。

（六）修蹄

蹄的好坏与牛的经济价值有很大的关系。每年修蹄 1~3 次，保证蹄的健康。

第五节　高产奶牛的饲喂与管理

高产奶牛是指一个泌乳期 305 天产乳（不足 305 天者，以实际天数统计）6 000 千克以上，含乳脂率 3%～4%的牛群和个体奶牛。

一、高产奶牛的饲养

（一）日粮结构与精粗比例

国内饲养的高产奶牛由于优质干草数量少，仅有中等质量的羊草和一般玉米带穗青贮，故泌乳量在 35～45 千克/天的高产奶牛，其典型日粮是精料：粗料：糟粕类（啤酒渣、豆腐渣、饴糖糟等）必须保持在 60：30：10、粗纤维为 14%～15%，才能保证营养水平，维持瘤胃正常发酵、蠕动、嗳气和反刍等机能。

对于日产奶量高于 35 千克的高产奶牛，一般条件下必需喂给高能量饲料。多加精料，极易出现精料与粗料的不平衡现象。当精料比例高于 70%、产奶净能高于 7.782 兆焦/千克干物质时，奶牛会发生消化机能障碍、瘤胃角化不全、瘤胃酸中毒和乳脂率、产奶量下降等问题。而当奶牛日粮精料比例保持在 40%～60%时，或产奶净能为 5.774～7.197 兆焦/千克干物质时，则可保证母牛瘤胃正常发酵、蠕动，有足够强度的反刍，且可在能量和蛋白质等养分上提供其产奶需要，发挥正常的泌乳遗传潜力和泌乳机能，保持母牛的产奶性能，进而提高产奶的饲料转化效率，在精料给量占日粮干物质量 60%～70%的情况下，为了保持牛的正常消化机能，防止前胃弛缓，保持乳脂率不下降，则要添加缓冲剂。

（二）能量和蛋白质饲料的组成

能量饲料主要是玉米、麦粉与麸皮；蛋白质饲料是豆饼、豆粕、花生饼、棉籽饼（粕）、葵籽饼、菜籽饼（粕）、胡麻饼（粕）、啤酒糟、饴糖糟、豆腐渣等。一般奶牛场大多是以豆饼（粕）为主，间有一部分其他饼（粕）类，而高产奶牛除蛋白质精饲料以外，还要有约占干物质总量 10%的鲜糟粕类蛋白质饲料才可满足需要，其中特别是过瘤胃蛋白质的需要。

（三）无机盐的应用

奶牛精料中，一般为食盐 1%、磷酸氢钙 0.6%~1.4%、石粉 1.5%~2%。近几年来，有的场另加 0.25%~0.5% 的碳酸氢钠，但多用于夏季或高产奶牛精料中。有些场还加氧化镁，用量为精料的 0.2%，用来防止高产奶牛缺镁，并可作为瘤胃缓冲剂。

（四）添加剂的应用

1. 微量元素

运输、预防注射、消毒、高温或低温、产犊、泌乳等因素对牛的刺激，使其处于应激状态。奶牛日粮中应适当提高锰、铁、铜、锌、碘、钴的含量，约比正常水平增加 1 倍，可提高抗应激能力。夏季高产奶牛日粮中精料高于日粮干物质的 60% 时，则缺乏钾，如添加钾会提高产奶量。

2. 缓冲剂

奶牛日粮中添加适量的缓冲剂，可改善高产奶牛的进食量、产奶量、牛奶成分，有利于牛的健康，还可防止瘤胃酸中毒，调节和改善瘤胃微生物的发酵效果。

（1）应用条件　在下列条件下需应用缓冲剂：①泌乳初期的高产奶牛；②日粮中有 60% 以上的精料；③粗料几乎全是青贮饲料时；④泌乳初期其日粮又为高精料、高糟渣类饲料，且粗料的质量又很差时；⑤当泌乳牛群中所产常乳的乳脂率明显下降时；⑥夏季泌乳牛食欲下降，进食干物质明显减少时；⑦当泌乳牛日粮从粗料型转换到精料型时（其精粗比为 60：40 以上）；⑧当日粮是把精料和粗料分别单独饲喂时。

（2）缓冲剂的种类和用量　一般以碳酸氢钠为主，碳酸钠（食用碱）亦可，但对日产奶量高于 30 千克的高产奶牛还要另加氧化镁或膨润土等。碳酸氢钠的用量，按日粮干物质进食量计算为 0.7%~1.5%、按精料计算为 1.4%~3%。氧化镁的用量为日粮干物质量的 0.2%~0.4%，或为精料用量的 0.6%~0.8%，或用 2~3 份碳酸氢钠与 1 份氧化镁混合，其给量为日粮总干物质的 0.8%~1.2%，或混合精料的 1.6%~2.2%。膨润土的用量为日粮总干物质的 0.6%~0.8%，或精料量的 1.2%~1.6%。碳酸钠的用量与碳酸氢钠完全一样。

（3）缓冲剂的作用机理和功能　缓冲剂的主要作用是改善牛的饲料进食量，提高或稳定产奶量，保持乳脂率不下降，甚至可提高乳脂率 0.4~0.5 个百分点。缓冲剂的功能，是使瘤胃、肠道内容物和体液的氢离子浓度保持正常，缓冲瘤胃内挥发性脂肪酸对氢离子浓度的影响，防止瘤胃酸度上升，增加乙酸的浓度，提高乙酸、丙酸的比例，进而提高乳脂率。缓冲剂还可有效防止牛发生瘤胃酸中毒，在喂高精料时均可应用。

3. 烟酸

泌乳初期瘤胃微生物合成烟酸的数量不足，高产奶牛可能产生酮症。患酮症的母牛每天投给 12 克烟酸，连喂数天，当 5~9 天时血酮和牛奶中酮体下降，产奶量增加。一般在泌乳初期或产前每日每头牛喂 6 克烟酸，可防止母牛发生酮症，产奶量可明显提高。夏季对高产奶牛每日每头增加 6 克烟酸也可增加产奶量。

4. 其他添加剂

（1）沸石　奶牛精料中添加 4%~5% 沸石，产奶量提高 1.44~1.46 千克/（天·头）。

（2）稀土　奶牛饲料中添加稀土 40~45 毫克/千克，产奶量提高 21.52%，同时乳脂率由 3.81% 提高到 4.2%。

（3）保护性氨基酸　日产奶量 30 千克的高产奶牛，添加保护性赖氨酸 7 克、保护性蛋氨酸 5 克，奶牛标准乳产量提高 9.1%。

（4）保护性脂肪　在奶牛日粮中添加日粮总干物质 3% 的脂肪酸钙盐，使日粮脂肪水平达到 5%~6% 时，其利用率最佳，产奶量增加 2.4 千克/（天·头），乳脂率提高 0.05%，但其日粮中钙应 O 0.9%~1%，镁应为 0.3% 时才行。喂给方式也可用全大豆、全棉籽或全油菜籽直接混合于精料中，用来提高日粮脂肪水平。

二、高产奶牛的管理

① 更换褥草，坚持刷拭，清洗乳房和牛体上的粪便污垢。夏季每周进行一次水浴或淋浴，并应采取通风和防暑降温措施。冬季注意防寒保温。

② 每天应在气温适宜的时候进行一定时间的缓慢运动，对乳房容积大、行动不便的高产奶牛可做牵引运动。

③ 高产奶牛每胎必须有 60~70 天的干奶期，可以采取逐渐停乳法或快速停乳法。干奶后应加强乳房检查和护理。

④ 奶牛分娩后 1~1.5 小时进行第一次挤乳不要挤净。要注意观察母牛食欲、粪便及胎衣排出情况，如发现异常，应及时诊治。分娩 2 周后，应做酮血症检查，如无疾病，食欲正常，可转大群管理。

⑤ 高产奶牛的挤奶次数应根据各泌乳阶段、产奶水平而定。每天挤奶 3 次，也可根据产奶量高低酌情增减。

第六章
奶牛场经营与管理

第一节　奶牛场生产管理

一、牛群结构管理

奶牛场的生产经营中，根据生产目标，随时调整牛群结构，制定科学的淘汰与更新比例，使牛群结构逐渐趋于合理，对于提高奶牛场经济效益十分重要。奶牛生产是一个长期的过程，要兼顾当前效益与长远发展目标，其成年母牛在群体中的比例应占 60%~65%，过高或过低，均会影响奶牛场的经济效益。但发展中的奶牛场，成年牛和后备牛的比例暂时失调也是合理的。为了使母牛群逐年更新而不中断，成年母牛中牛龄、胎次都应有合适的比例，在一般情况下，1~2 胎占 35%~40%，3~4 胎占 40%~50%，5 胎以上占 15%~20%，牛群的淘汰、更新率每年应保持在 15%~20%，对于要求高产，而且有良好的技术管理措施保证的牛群，其淘汰更新率可提高到 25%，降低 5 胎以上的成年母牛比例，使牛群年青化、壮龄化。

奶牛的牛群结构，是以保证成年奶牛的应有头数为中心安排的，而成年奶牛头数的减少，主要是由年老淘汰引起的，能否及时补充和扩大，又与后备牛的成熟与头数相关联。因而，挤奶牛头数的维持与增加，与母牛的使用年限、后备母牛的饲养量和成熟期直接关联。

二、饲料消耗与成本定额管理

饲料消耗定额的制定方法：牛维持和生产产品需要从饲料中摄取的营养物质。由于奶牛种类和品种、年龄、生长发育阶段、体重和生产阶段的不同，其饲料的种类和需要也不同，即不同的牛有不同的饲养标准。因此，制定不同类型牛饲料的消耗定额所遵循的方法时，首先应查找其对应饲养标准中对各种营养成分的需要量，参照不同饲料原料的营养价值，确定日粮的配给量；再以日粮的配给量为基础，计算不同饲料在日粮中的占有量；最后再根据占有量和牛的年饲养日数，即可计算出饲料的消耗定额。由于各种饲料在实际饲喂时都有一定的损耗，尚需要加上一定损耗量。

（一）饲料消耗定额

奶牛的饲料消耗定额，一般情况下，奶牛每天平均需 7 千克优质干草，24.5 千克玉米青贮；育成牛每天均需干草 4.5 千克，玉米青贮 14 千克。成母牛的精饲料除按每产 3 千克鲜奶给 1 千克精饲料外，还需加基础料 2 千克/（头·天）；青年母牛精饲料量平均 3.5 千克/（头·天）；犊牛需精饲料量 1.5 千克/（头·天）。若使用的是收获籽实后的玉米秸秆黄贮饲料，则须根据黄贮质量，适当增加精饲料供给定额量。

（二）成本定额

成本定额是奶牛场财务定额的组成部分，奶牛场成本分产品总成本和产品单位成本。成本定额通常指的是成本控制指标，是生产某种产品或某种作业所消耗的生产资料和所付的劳动报酬的总和。奶牛业成本，主要是各龄母牛群的饲养日成本和鲜奶单位成本。

牛群饲养日成本等于牛群的日饲养费用除以牛群饲养头数。牛群饲养费定额，即构成饲养日成本各项费用定额之和。牛群和产品的成本项目包括：工资和福利费、饲料费、燃料费和动力费、牛医药费、固定资产折旧费、固定资产修理费、低值易耗品费、其他直接费用、共同生产费及企业管理费等。这些费用定额的制定，可参照历年的费用实际消耗、当年的生产条件和计划来确定。

鲜奶单位成本=（牛群饲养费-副产品价值）/鲜奶生产总量

（三）工作日程制定

正确的工作日程能保证奶牛和犊牛按科学的饲养管理制度喂养，使奶牛发挥最高的产乳潜力，犊牛和育成牛得到正常的生长发育，并能保证工作人员的正常工作、学习和生活。牛场工作日程的制定，应根据饲养方式、挤乳次数、饲喂次数等要求规定各项作业在一天中的起止时间，并确定各项工作先后顺序和操作规程。工作日程可随着季节和饲养方式的变化而变动。目前，国内牛场和专业户采用的饲养日程和挤奶次数，大致有以下几种：两次上槽，两次挤奶；两次上槽，三次挤奶；三次上槽，三次挤奶；三次上槽，四次挤奶等。前两种适合于低产牛群，牛对营养需求量较少，有利于牛只的休息；三次上槽，三次挤乳制，有利于高产牛的营养需求，且能提高产奶量。三次挤奶，根据挤奶间隔时间，有均衡和不均衡两种。应根据奶牛的泌乳生理，灵活掌握。

三、牛场劳动力管理

奶牛的管理定额一般是：挤奶员兼管理员，电器化挤奶，每人管理15~20头奶牛；人工挤奶或小型挤奶机挤奶，每人管理8~12头。育成牛每人管理30~50头；犊牛每人管理20~25头。根据机械化程度和饲养条件，在具体的牛场中可以适当增减。

牛场的劳动组织，分一班制和两班制两种。前者是牛的饲喂、挤奶、刷拭及清除粪便工作，全由一名饲养员包干。管理的奶牛头数，根据生产条件和机械化程度确定，一般每人管8~12头。工作时间长，责任明确，适宜于每天挤奶2~3次的小型奶牛场或专业户小规模生产；后者是将牛舍内一昼夜工作由2名饲养管理人员共同管理，可管理50~100头奶牛，而在挤奶厅有专职挤奶工进行挤奶，饲喂与挤奶两班人马，专业性更强，劳动生产效率更高，适用于机械化程度高的大中型奶牛场。

在各种体制的奶牛场中，劳动报酬必须贯彻"按劳分配"的原则，使劳动报酬与工作人员完成任务的质量紧密结合起来，使劳动者的物质利益与劳动成果紧密结合起来。对于完成奶牛产奶量、母牛受胎率、犊牛成活、育成牛增重、饲料供应和牛病防治等有功人员，应给予精神和物质鼓励，绝不能吃大锅饭。对公务、技术人员也应有相应的奖罚制度。

第二节　奶牛场计划管理

奶牛场的生产计划主要包括：牛群周转计划、配种产犊计划、饲养计划和产奶计划等。

一、牛群周转计划

牛群的周转计划实际上是用以反映牛群再生产的计划，是牛自然再生产和经济再生产的统一。牛群在一年内，由于小牛的出生，老牛的淘汰、死亡，青年牛的转群，不断地发生变动，经常发生数量上的增减变化，为了更好地做好计划生产，牛场应在编制繁殖计划的基础上编制牛群的周转计划。牛群周转计划，是奶牛场生产的最主要计划之一。它直接反映年中的牛群结构状况，表明生产任务完成情况，是产品计划的基础，也是制订饲料生产计划、贮备计划、牛场建筑计划、劳动力计划的依据。通过牛群周转计划的实施，使牛群结构更加合理，增加投入产出比，提高经济效益。

编制牛群周转计划时，应首先规定发展头数，然后安排各类牛的比例，并确定更新补充各类牛的头数与淘汰出售头数。一般以自繁自养为主的奶牛群，牛群组成比例应为：繁殖母牛60%~65%，育成后备牛20%~30%，犊牛8%左右。

（一）编制牛群周转计划

必须掌握以下材料：计划年初各类牛的存栏数；计划年终各类牛按计划任务要求达到的头数和生产水平；上年度7—12月各月出生的犊母牛头数以及本年度配种产犊计划，计划年淘汰出售各类牛的头数。

例如，某奶牛场计划经常拥有各类牛200头，其牛群比例为：成年母牛占63%、育成母牛30%、犊母牛7%。已知计划年度年初有犊母牛18头，育成母牛70头，成年母牛100头，另知上年7—12月各月所生犊母牛头数及本年度配种产犊计划，试编制本年度牛群周转计划。

（二）编制方法及步骤

第一步：将年初各类牛的头数分别填入牛群周转计划中，计算各类牛年末应达到的比例头数，分别填入年终数栏内。

第二步：按本年度配种计划，把每个月将要繁殖产犊的犊牛头数（计划产犊数×50%×成活率%）相应填入犊牛栏繁殖项目中。

第三步：年满6个月的犊母牛应转入育成母牛群中，查出上年7—12月各月所生母犊牛的头数，分别填入转出栏的1—6月项目中（一般这6个月所生犊牛头数之和等于年初犊母牛头数），而本年度1—6月所生的犊母牛，分别填入转出栏7—12月项目中。

第四步：将各月转出的犊母牛头数对应地填入育成母牛"转入"栏中。

第五步：根据本年度配种产犊计划，查出各月份分娩的育成母牛头数，对应地填入育成母牛"转出"及成年母牛"转入"栏中。

第六步：合计犊母牛"繁殖"与"转出"总数。要想使年末达14头，期初头数与"增加"头数之和应等于"减少"头数与期末头数之和。则通过计划：（18+44）-（40+14）=8，表明本年度犊母牛可出售或淘汰8头。为此，可根据其母牛生长发育情况及该场饲养管理条件等，适当安排出售和淘汰时间。最后汇总各月份期初与期末头数，"犊母牛"一栏的周转计划即编制完成。

第七步：合计育成母牛和成年母牛"转入"与"转出"栏总头数，方法同上。根据年末要求达到的头数，确定全年应出售和淘汰的头数。在确定出售、淘汰月份分布时，应根据市场对鲜乳和奶牛的需要及本场饲养管理条件等情况确定。汇总各月期初及期末头数，即完成该场本年度牛群周转计划（表1-6-1）。

表1-6-1 牛群月份、年度周转计划

项目	期初数	增加				减少				期终数
		繁殖	购入	转入	其他	转出	出售	死亡	其他	
母牛										
后备母牛										
育成牛										
犊牛										
合计										

注：计算各类牛的平均饲养头数，可将年初数与年终数相加后除以2。计算年饲养头日数，以年各类牛平均饲养头数乘365天即可。

编制全年周转计划，一般是先将各龄牛的年初头数填入上表栏中，然后根据牛群中成年母牛的全年繁殖率进行填写，并应考虑到当年可能发生的情况。初生犊牛的增加，犊母牛、育成牛、后备牛的转群，一般要以全年中犊牛、育成牛的成活率及成年母牛、后备母牛的死亡率等情况为依据进行填写。调入、转入的奶牛头数要根据奶牛场落实的计划进行填写。

各类牛减少栏内，对淘汰和出售奶牛必须经详细调查和分析之后进行填写。淘汰和出售牛头数，一定要根据牛群发展和改良规划，对老、弱、病牛及低产牛及时淘汰，以保证牛群不断更新、提高产奶量、降低成本、增加盈利。生产场的犊公牛，除个别优秀者留做种用外，一般均应淘汰或作育肥用。

二、配种产犊计划

（一）繁殖技术指标

编制繁殖计划，首先要确定繁殖指标。最理想的繁殖率应达100%，产犊间隔为12个月，但这是理论指标，实践中难以做到。所以，经营管理良好的奶牛场，实际生产中繁殖率不低于 85%，产犊间隔不超过 13 个月。常用的衡量繁殖力的指标如下。

年总受胎率≥85%，计算公式：

年总受胎率（%）=年受胎母牛数/年配种母牛数×100

年情期受胎率≥50%，计算公式：

年情期受胎率（%）=年受胎母牛数/年输精总情期数数×100

年平均胎间距≤400 天，计算公式：

年平均胎间距=∑胎间距/头数

年繁殖率≥85%，计算公式：

年繁殖率（%）=年产犊母牛数/年可繁殖母牛数×100

（二）制订执行繁殖配种计划

繁殖是奶牛生产中联系各个环节的枢纽。繁殖与产奶关系极为密切，为了增加产奶收入和增殖犊牛的收入，必须做好繁殖计划。

牛群繁殖计划是按预期要求，使母牛适时配种、分娩的一项措施，又是编制牛群周转计划的重要依据。编制配种分娩计划，不能单从自然生产规律出发，配种多少就分娩多少；而应在全面研究牛群生产规律和经济要求的基础上，搞好选种选配，根据开始繁殖年龄、妊娠期、产犊间隔、生产方向、生产任务、饲料供应、畜舍设备以及饲养管理水平等条件，确定牛只的大批配种分娩时间和头数，才能编制配种分娩计划。母牛的繁殖特点为全年散发性交配和分娩，季节性特点不明显。所谓的按计划控制产犊，就是把母牛的分娩时间安排到最适宜产奶的季节，有利于提高生产性能。

三、饲料计划

饲料费用的支出是奶牛场生产经营中支出最重要的一个项目，如以舍饲为主的奶牛场来计算，该费用在全部费用中所占比例 50% 以上，在户养奶牛的基础上可占到总开支的 70% 以上。其管理得好坏不仅影响饲养成本，并且对牛群的质量和产奶量均有影响。

1. 管理原则

对于饲料的计划管理，要注意质和量并重的原则，不能随意偏重哪一方面，要根据生产上的要求，尽量发挥当地饲料资源的优势，扩大来源渠道，既要满足生产上的需要，又要力争降低饲料成本。

饲料供给要注意合理日粮的要求，做到均衡供应，各类饲料合理配给，避免单一性。为了保证配合日粮的质量，对于各种精、粗料，要定期做营养成分的测定。

2. 科学计划

按照全年的需要量，对所需各种饲料提出计划储备量。在制定下一年的饲料计划时，先需知道牛群的发展情况，主要是牛群中的产奶牛数，测算出每头牛的日粮需要及组成（营养需要量），再累计到月、年需要量。编制计划时，要注意在理论计算值的基础上对实际采食量可适当提高 10%~15%。

3. 信息调研

了解市场的供求信息，熟悉产地和掌握当前的市场产销情况，联系采购点，把握好价格、质量、数量验收和运输，对一些季节性强的饲料、饲草，要做好收购后的贮藏工作，以保证不受损失。

4. 加工和储藏

精饲料要科学加工配制，储藏要严防虫蚀和变质。青贮玉米的制备要按规定要求，保证质量。青贮窖要防止漏水、漏气，不然易发生霉烂。精料加工需符合生产工艺规定，混合均匀，自加工为成品后应在 10 天内喂完，每次发 1~2 天的量，特别是潮湿的季节，要注意防止霉变。干草、秸秆本身要求干燥无泥，堆码整齐，顶不能漏水，否则会引起霉烂；还要注意防止火灾。青绿多汁料，要逐日按次序将其堆好，堆码得不能过厚过宽，尤其是返销青菜，否则易发生中毒。另外，大头菜、胡萝卜等也可利用青贮方法延长其保存时间，同时也可保持原有的营养水平。

四、产奶计划

奶牛场年产奶量，尤其是头均产奶量是衡量生产管理与经营水平的重要指标，因而做好产奶计划十分重要。

奶牛场的产奶计划，计算起来比较复杂，因为奶牛场的牛奶产量不仅决定于产奶牛的头数，而且决定于奶牛的品质，年龄和饲养管理的条件，同时和奶牛的产犊时间、泌乳月份也有关系，受多种因素的影响。

一般奶牛的使用年限为 10 年左右，一生能产 8 胎次左右，即为 8 个左右泌乳期。大体上是随着奶牛乳腺发育而增长，正常情况下，青壮年阶段，产奶量随着产犊胎次增加而增长，到第 5 胎次达到泌乳高峰，此后随奶牛逐渐衰老而下降。当然，有些奶牛因品种和饲养条件不同，也有出现推迟或提早的情况。一个泌乳期内各个月份的泌乳量也不均匀，一般从奶牛产犊后泌乳量逐渐增加，到第 2 个月后达到高峰，高峰后又逐渐下降，直到停奶。这种变化若绘制成坐标图，就是一个泌乳期的泌乳曲线图。奶牛的品种和饲养管理条件不同，其泌乳曲线也不同。从泌乳曲线上可分析出奶牛的泌乳潜力、饲养管理状况以及产奶规律，作为以后制定完善饲养管理和产奶计划的依据。因此，绘制泌乳曲线很有必要。

编制产奶计划时必须掌握以下资料。

一是计划年初泌乳奶牛的头数和上年奶牛产犊的时间。

二是计划年内奶牛和后备奶牛分娩的头数和时间。

三是每头奶牛泌乳期各月的产奶量即泌乳曲线图。

由于奶牛的产奶量受多种因素影响，显然用平均计算方法是不够精确的，较精确的方法是按各个奶牛分别计算，然后汇总成全场的产奶量，采用个别计算方法时，必须确定每头产奶牛在计划年内 1 个泌乳期的产奶量，和泌乳期各月的产奶量。在确定到某产奶牛 1 个泌乳期的产乳量时，是根据该头奶牛在上一个泌乳期以及以前几个泌乳期的产奶量，和计划年度由于饲养管理条件的改善所可能提高的产奶量等因素综合考虑的。在确定泌乳期各月份产奶量时，是根据该奶牛以前的泌乳曲线，计算出泌乳期各月产奶量的百分比，乘以泌乳期的产奶量所得到的。至于第一次产犊的奶牛产奶量，可以根据它们母系的产奶量记录及其父系的特征进行估算。根据每头奶牛的产奶量汇总起来就是计划年度产奶量计划。

第二篇
肉牛健康养殖与高效生产

第一章
暖棚牛舍设计与建造

暖棚养牛是指在寒冷的季节给开放式或半开放式牛圈舍上扣盖一层塑料薄膜或玻璃等光照保温材料，充分利用太阳能和牛自身所散发的热量，提高舍内温度，减少热能损耗，降低维持需要，提高肉牛生产性能和经济效益。暖棚养牛是一项先进、成熟、适用的技术，用较少的投入可获得与封闭式圈舍饲养牛只相同的效果，可降低牛的死亡率，提高产肉率，节约饲料；可促进良种和新技术的推广应用，推进适度规模养殖的发展，实现牛肉的均衡供应，是发展高产优质肉牛业的一项重要技术。

🖋 第一节 暖棚牛舍设计

暖棚是塑料薄膜或玻璃暖棚的泛称，暖棚养牛是在日照时间短、光线弱、气候寒冷的冬春季进行的。因此，其设计的原则是在坚固耐用的基础上，有良好的采光、保温和通风换气性能。

一、暖棚牛舍建筑的朝向

建造牛舍应选择干燥向阳的地方，以便于采光和保暖。牛舍的朝向，不仅与采光有关，而且与寒风侵袭有关。在我国寒冷地区，由于冬春季风向多偏西和偏北，因此牛舍以坐北朝南或朝东南为好。如果是双面暖棚舍也可以坐东朝西。

二、暖棚牛舍建筑设计

(一) 采光设计的原理

阳光是牛生长发育、生产和繁殖不可缺少的条件，也是暖棚的主要热源。解决好采光问题，最大限度地使阳光透射到暖棚内是设计的首要任务。

根据所在地区的纬度、具体地理位置情况计算出最佳屋面角和入射角，可基本满足采光要求。通常把冬至日正午时阳光对暖棚的投射角达 50° 时的屋面角称为合理屋面角，但实际上，根据这种屋面角设计的塑膜暖棚，在冬至前后的弱光季节里，每天达到 50° 投射角的时间很短，采光并不理想。根据冬至太阳高度角日变化规律，将合理屋面角增加 5°~7°，可保证每天暖棚的投射角 ≥50° 的时间在 4 个小时以上，这种屋面角称为最佳屋面角。

为了保证太阳光能够在绝大部分时间里直射到棚舍内牛床上，就必须使入射角大于当地冬至正午时的太阳高度角，否则，在冬至左右这段时间里，棚舍内靠近北墙的牛床部分在中午前后就无法获得阳光。

(二) 保温设计的原理

暖棚内的热量来源，一是太阳辐射通过塑料薄膜（玻璃）入射到棚内，使棚内地面、墙壁和牛体获得太阳短波辐射热量；二是牛体本身散热。

塑料薄膜可选有 0.1~0.12 毫米厚、透光好、保温好、耐用的聚乙烯无滴膜。用双层膜，两层膜间隔 5~10 厘米效果更好。棚顶夜间盖上棉帘子、草帘子或纸被。在室外温度为 −18℃ 时，加草帘子或纸被，可分别增温 10℃ 和 6.8℃。

墙壁建成空心或中间填充炉灰或填充干草，降低墙壁传热能力，提高保温隔热性能。

地面采用夯实土或三合土，还可在三合土上铺水泥地面，这些方法可减少向地面传热。

(三) 通风设计的原理

通风可以排出棚内的水汽、尘埃、微生物和有害气体，防止棚内潮湿，保障棚内的空气清新。通风设计的任务是保证棚内的通风量，合理组织气流，使之在棚内分布均匀。通风换气量的确定主要根据棚内所产生的二氧化碳、水汽和热能计算。

1. 根据二氧化碳计算通风换气量

根据棚内牛只产生的二氧化碳总量，求出每小时需由棚外导入多少新鲜空气，可将聚积的二氧化碳冲淡至卫生学规定范围。通常，根据二氧化碳算得的通风量往往不足以排出棚内的水汽，故适用于温暖干燥地区。在潮湿地区，尤其是在寒冷地区应根据水汽和热量来计算通风量。

2. 根据水汽计算通风换气量

根据棚内产生的水汽总量以及棚内外空气所含水分之差异，计算通过由棚外导入比较干燥的新鲜空气以置换棚内的潮湿空气时，所需要的通风换气量。用水汽计算的通风换气量一般大于用二氧化碳算得的量，所以在潮湿、寒冷地区用水汽计算通风换气量较为合理。

3. 根据热量收支计算通风换气量

牛在呼出二氧化碳、排出水汽的同时，还在不断地向外发散热量。因此，在棚内温度过高时必须通过通风将过多的热量驱散，并保证不断地将棚内产生的水汽、有害气体、灰尘等排出。

通风方式有自然通风和机械通风。塑膜暖棚一般采用自然通风，排气管的断面积采用（50厘米×50厘米）～（70厘米×70厘米），进气管断面积采用（20厘米×20厘米）～（25厘米×25厘米），进排气管的数量依通风换气量而定。

三、塑膜暖棚的主要技术参数

1. 跨度与长宽比

跨度主要根据当地冬季雨雪多少以及冬季晴天多少而确定。冬季雨雪多的以窄为宜（5~6米），雨雪少的可以放宽（7~8米）；冬季晴天多的地区，太阳光利用较充分，可以放宽，以增大室内热容量，相反阴天多的地区应窄一些。

暖棚长宽比与暖棚的坚固性有密切关系。长宽比大，周径长，地面固定部分多，抗风能力就加强，反之则减少。所以塑膜暖棚的长宽比应合理。

2. 高度与高跨比

暖棚的高度是指屋脊的高度，它与跨度有一定的比例关系。在跨度确定的情况下，高度增加，暖棚的屋面角度增加，从而提高采光效果。因此适当增加高度，在搞好保温的同时，能提高采光效果，进而增加蓄热量，可弥补热量的损失。高度一般以2.0~2.6米为宜，高跨比为2.4：10到3.0：10，最高不宜超过3.5：10，最低不宜低于2.1：10。在雨雪较少的地区，高跨比可以小一点，雨雪较多的地区要适当大一些，以利排出雨雪。

3. 棚面弧度

在半拱圆形和拱圆形塑膜暖棚的设计过程中要充分考虑到牢固性。牢固性首先决定于框架材料的质量、薄膜的强度，而棚面弧度也是重要条件。棚面弧度与棚面摔打现象有关，暖棚棚面摔打现象是由棚内外空气压强不等造成的。当棚外风速大时，空气压强就小，棚内产生举力，棚膜向外鼓起，但在风速变小的一瞬间，加之压膜线的拉力，棚膜又返回棚架。如此反复，棚膜就反复摔打。棚膜只有在棚内外空气压强相等时才不会产生摔打现象。然而就是在有风的时候，若棚面弧度设计合理，也会降低棚膜的摔打程度。棚面弧度越接近合理弧线，棚面摔打现象就越轻；棚面越平坦，摔打现象就越重。

4. 后墙高度和后坡角度

后墙矮、后坡角度大，保温比大，冬至前后阳光可照到坡内表面，有利于保温，但棚内作业不方便；后墙高、后坡角度小，保温比小，保温差，但有利于棚内作业。综合考虑后墙高度以 1.2~1.8 米为宜，后坡角度以 30°左右为宜。

5. 保温比

暖棚的保温比即牛床面积/围护面积。保温比越大，热效能越高。暖棚需要保温，但也要求白天有充分的光照。晴朗的白天，太阳辐射到暖棚内的光线很强，热能伴随而来，这时暖棚的保温和光照无疑是统一的；刮风下雪天，特别是夜间，暖棚准备的采光面越大，对保温越不利，保温和采光便发生矛盾。所以，兼顾采光和保温，一般保温比为 0.6~0.7。

第二节　暖棚牛舍的建造

一、塑膜暖棚牛舍的类型

根据塑料膜的外形一般分为单斜面、双斜面、半拱圆形和拱圆形塑膜暖棚。

(一) 单斜面棚

这种类型的牛棚，其棚顶一面为塑膜覆盖面，而另一面为土木结构的屋面。棚舍一般为东西走向，坐北向南。在没有覆盖塑膜时呈半敞棚形状。设有后墙、山墙和前沿墙，中梁处最高，半敞棚占整个棚的 1/2~2/3。从中梁处向前沿墙覆盖塑膜，形成密闭式塑膜暖棚，两面出水。有土木结构，也有砖混结构，建筑容易，结构简单，塑膜容易固定，抗风抗雪性能比较好，管理方便，保温性能好，造价低廉。一般多为单列式，适合于规模不大的牛场使用。

（二）双斜面棚

这种类型的棚，棚顶两棚面均为塑膜所覆盖，两面出水。四周有墙，中梁处最高，呈双列形状。中梁下面设过道，两边设牛床。塑膜由中梁向两边墙延伸，形成塑膜暖棚。多为南北走向，光线上午从东棚面进入，下午从西棚面进入，日照时间长，光线均匀，四周低温带少，棚内温度高。但由于棚面比较平直，跨度大，建材要求严格，一般用钢材和木材作框架材料，成本较高，抗风、耐压程度较差。在大风大雪环境下难以保持其平衡，适用于风雪较小的地方和较大规模的牛场使用。

（三）半拱圆形棚

半拱圆形棚与单斜面棚基本相同，由前沿墙、中梁、后墙、山墙以及木椽、竹帘、草泥、油毛毡等所构成。半敞棚一般占整个塑膜暖棚面积的2/3。靠前沿墙留过道。扣膜时可用竹片由中梁处向前沿墙连成半拱圆形，上覆塑膜，形成密闭的塑膜暖棚。这类棚空间面积大，采光系数大，水滴沿棚膜面向前沿墙滑下，结构简单，易建造，保温好，管理方便。一般为单列式。

（四）拱圆形棚

拱圆形棚顶全部覆盖塑料薄膜，呈半圆形。由山墙、前后墙、棚架和棚膜等组成。棚舍南北走向。这类棚舍多为双列式。

二、塑膜暖棚场地选择

塑膜暖棚场址宜选择在地形整齐、开阔、有足够的面积、地势高燥、平坦、有缓坡的地方。如在坡地建棚，要求向阳坡，坡度以 1%~3% 为好，最大不宜超过25%。水源充足，水质清洁，便于取用和进行水源防护，并易于进行水的净化和消毒。土质以沙壤土和壤土为好，不宜选择在沙土和黏土地建棚。周围无高大建筑物及高大树木等遮阴物。交通运输方便，但与交通干线、村镇居民点、工厂及其他牧场应保持适当的距离。

三、塑膜暖棚牛舍的构造

各种类型的暖棚其构造大致相同，均由基础、前沿墙、后墙、山墙、牛床、出入口、地窗、天窗、侧窗、屋面、棚面、间柱、中梁等构成。基础是指承载整个暖棚舍重量的底座部分，一般由沙石和混凝土构成；前沿墙一般由砖或混凝土构成；后墙一般由土坯和草泥构成；山墙是指形成整个棚舍的侧墙，一般由砖、混凝土或土坯构成；牛床是牛只休息和小范围活动场地，一般由混凝土构成；出入口是指饲养人员和牛进出棚舍的通道，一般由木材加工而成；地窗是指棚舍墙距地面5～10厘米处所留的进气孔，便于热空气进入棚舍内；天窗是指暖棚舍棚面上所留的排气孔，便于有害气体排出；侧窗是指在两山墙高处所留的通风换气孔，一般情况下，侧窗的高度可以相同，但两山墙侧窗位置不宜相同，以免形成穿堂风；屋面是指暖棚舍用木椽、竹席、草泥、油毛毡等所覆盖的部分；间柱是指暖棚舍内的支柱；中梁是指横跨山墙最高点的大梁。现将半拱圆形塑膜暖棚牛舍的典型构造介绍如下：采用坐北向南、东西走向、单列式。棚舍中梁高2.5米，后墙高1.8米，前沿墙高1.2米，前后跨度5米，左右宽8米，中梁和后墙之间用木椽等搭成屋面，中梁与前沿墙之间用竹片和塑料棚膜搭成拱形塑膜棚面。中梁下面沿圈舍走向设饲槽，将牛舍与人行道隔开。后墙距离中梁3米，前沿墙距离中梁2米。在一端山墙上留两道门，一道通牛舍，供牛出入和便于清粪，一道通人行道，供饲养人员出入。

四、塑膜暖棚牛舍的建筑施工

（一）基础施工

基础施工要根据土壤条件进行地基处理。其原则是必须要有足够的承重能力，足够的厚度，压缩性小，抗冲刷力强，膨胀性小且无侵蚀。地基深80～100厘米，要求灌浆密致，地基与墙壁之间要有防潮层。

（二）墙基施工

墙基施工要求坚固结实、经久耐用，具有耐水、抗冻、保暖、防火的功能。以土坯为主、砖混为辅的混合墙是最简单的塑膜暖棚墙。山墙和后墙用土坯修建，前沿墙、分栏墙、圈舍与工作走道隔墙用砖修建。土墙在圈舍部分要用水泥砂浆包裹起来，其余部分用白灰粉刷。这种墙造价低，但使用年限较短。较正规的塑膜暖棚墙为混合型墙。棚舍墙1米以下部分全部用砖砌成，其余部分用土坯砌成，白灰粉刷。这种墙墙基牢固，耐腐蚀，使用年限长，易消毒。砖混墙是最理想的塑膜暖棚墙，用砖砌到顶，距地面 1 米处抹墙裙。这种墙坚固耐用，防潮、防腐蚀，保暖性能好，虽然一次性投资比较大，但使用年限长，能发挥长期效益。

（三）牛床施工

牛床施工时，既要考虑到保温性能，还要考虑到清洁、卫生、干燥、便于清扫粪便等因素。一般采用全混凝土地面，并带有一定的坡度，坡度以1.5%为宜。牛床地面须抹制粗糙花纹，以防滑跌。

（四）后坡施工

暖棚后坡施工首先用框架材料搭成单斜面棚架，其规格根据棚圈设计要求制定，然后用竹席或其他代用品覆盖，撒上麦秸，再用草泥封顶，上覆油毛毡，形成前高后低半坡式敞棚。

（五）暖棚架施工

拱圆形棚的棚架材料宜选择竹片，将带有结和毛刺的竹片削光，使其光滑，最好用牛皮纸或破布将竹片包裹起来，以免造成棚膜破损。一般拱杆与拱杆间距为 60~80 厘米，拱杆的弯度以 25°~30°为宜。中柱的高低按设计要求确定，中柱与中柱间距一般为 2~2.5 米。单斜面棚宜选择木片或木椽，要求光滑平直，上覆保护层。上端固定在中梁上，下端固定在前沿墙或前沿墙枕木上，木片或木椽间距为 80~100 厘米。

五、棚膜覆盖

暖棚的扣棚时间一般在 11 月中旬以后，具体时间应根据当地当时的气候情况决定。扣棚时，将标准塑膜或粘接好的塑膜卷好，从棚的上方或一侧向下方或另一侧轻轻覆盖。为了保温和保护前沿墙，覆盖膜应将前沿墙全部包进去，固定在距前沿墙外侧 10 厘米处的地面上。棚膜上面用竹片或木条（加保护层）压紧，四周用泥或水泥固定。

第二章
肉牛品种与改良

第一节 肉牛品种

一、国内肉牛品种

过去很长时间，我国一直没有自己的专用肉牛品种，生产牛肉，多以黄牛为主。我国黄牛资源丰富、分布广泛，其中的秦川牛、晋南牛、南阳牛、鲁西牛和延边牛，属于五大地方良种黄牛。与国外品种相比，我国良种黄牛肉品质上乘、风味浓郁、多汁细嫩，但生长速度和饲料效率却不理想，需要引进国外良种进行适度杂交改良。即使如此，在肉牛生产中，这些优良品种仍然不可忽视。

(一) 秦川牛

秦川牛是我国著名的大型役肉兼用牛品种，因产于陕西省关中地区的"八百里秦川"而得名，主要产地在秦川15个县市，其中，以咸阳、兴平、乾县、武功、礼泉、扶风、渭南、宝鸡等地的秦川牛最为著名，量多质优。

秦川牛被毛有紫红、红、黄3种，以紫红和红色居多；鼻镜多呈肉红色，亦有黑、灰和黑斑点等颜色。蹄壳分红、黑和红黑相间，以红色居多。头部方正，角短而钝，多向外下方或向后稍弯，角型非常一致。秦川牛体型大，各部位发育均衡，骨骼粗壮，肌肉丰满，体质强健，肩长而斜，前躯发育良好，胸部深宽，肋长而开张，背腰平直宽广，长短适中，荐骨部稍隆起，一般多是斜尻，四肢粗壮结实，前肢间距较宽，后肢飞节靠近，蹄呈圆形、蹄叉紧、蹄质硬。成年公牛平均体重620.9千克，体高141.7厘米；成年母牛平均体重416千克，体高127.2厘米。

（二）晋南牛

晋南牛产于山西省晋南盆地，包括运城市的万荣、河津、临猗、永济、运城、夏县、闻喜、芮城、新绛，以及临汾市的侯马、曲沃、襄汾等县市，以万荣、河津和临猗 3 县的晋南牛数量最多、质量最好。其中，河津、万荣为晋南牛种源保护区。

晋南牛属大型役肉兼用牛品种，体躯高大结实，胸部及背腰宽阔，成年牛前躯较后躯发达，具有役用牛的体型外貌特征。公牛头中等长，额宽，鼻镜粉红色，顺风角为主，角型较窄，颈较粗短，垂皮发达，肩峰不明显。蹄大而圆，质地致密。母牛头部清秀，乳头细小。毛色以枣红为主，也有红色和黄色。成年公牛平均体重 660 千克，体高 142 厘米；成年母牛平均体重442.7 千克，体高 133.5 厘米。晋南牛的公牛和母牛臀部都较发达，具有一定的肉用牛外形特征。

（三）南阳牛

南阳黄牛产于河南南阳地区白河和唐河流域的广大平原地区，以南阳市郊区、南阳县、唐河、邓县、新野、镇平等县市为主要产区。除南阳盆地几个平原县市外，周口、许昌、驻马店、漯河等地区的南阳牛分布也较多。

南阳黄牛属大型役肉兼用品种，体格高大，肌肉发达，结构紧凑，皮薄毛细，行动迅速，鼻镜宽，口大方正，肩部宽厚，胸骨突出，肋间紧密，背腰平直，荐尾略高，尾巴较细，四肢端正，筋腱明显，蹄质坚实。但部分牛也存在着胸部深度不够、尻部较斜和乳房发育较差的缺点。公牛角基较粗，以萝卜头角为主，母牛角较细。鬐甲较高，公牛肩峰 8~9 厘米。南阳牛有黄、红、草白 3 种毛色，以深浅不等的黄色为最多，一般牛的面部、腹下和四肢下部毛色较浅。鼻镜多为肉红色，其中部分带有黑点。蹄壳以黄蜡、琥珀色带血筋较多。成年公牛平均体重 647 千克，体高 145 厘米；成年母牛平均体重 412 千克，体高 126 厘米。

（四）鲁西黄牛

鲁西黄牛也称为"山东牛"，是我国黄牛的优良地方品种。鲁西黄牛主要产于山东省西南部，以菏泽市的郓城、巨野、梁山和济宁地区的嘉祥、金乡、汶上等县为中心产区。鲁西黄牛以优质育肥性能著称。

鲁西黄牛体躯高大，身稍短，骨骼细，肌肉发达，背腰宽平，侧望为长方形，体躯结构匀称，细致紧凑，具有较好的役肉兼用体型。鼻镜与皮肤多为淡肉红色，部分牛鼻镜有黑色或黑斑。角色蜡黄或琥珀色。骨骼细，肌肉发达。蹄质致密，但硬度较差，不适于山地使役。鲁西黄牛被毛从浅黄到棕红色都有，以黄色为最多。多数牛有完全或不完全的"三粉"特征（指眼圈、口轮、腹下与四肢内侧色淡）。公牛头大小适中，多平角或龙门角，垂皮较发达，肩峰高而宽厚，胸深而宽，但缺点是后躯发育较差，尻部肌肉不够丰满。母牛头狭长，角形多样，以龙门角较多，后躯发育较好，背腰较短而平直，尻部稍倾斜。成年公牛平均体重 644 千克，体高 146 厘米；成年母牛平均体重 366 千克，体高 123 厘米。

（五）延边牛

延边牛是东北地区优良地方牛种之一。主要产于吉林省延边朝鲜族自治州的延吉、和龙、汪清、珲春及毗邻地区，分布于东北三省东部的狭长地带。

延边牛胸部深宽，骨骼坚实，被毛长而密，皮厚而有弹力。公牛头方额宽，角基粗大，多向外后方伸展成一字形或倒八字角。母牛头大小适中，角细而长，多为龙门角。毛色多呈浓淡不同的黄色，鼻镜一般呈淡褐色或带有黑斑点。成年公牛平均体重 465 千克，体高 131 厘米；成年母牛平均体重 365 千克，体高 122 厘米。

（六）郏县红牛

郏县红牛原产于河南省郏县，毛色多呈红色，故而得名。郏县红牛是我国著名的役肉兼用型地方优良黄牛品种，现主要分布于郏县、宝丰、鲁山 3 个县和毗邻各县以及洛阳、开封等地区部分县境内。

郏县红牛体格中等大小，结构匀称，体质强健，骨骼坚实，肌肉发达，后躯发育较好，侧观呈长方形，具有役肉兼用牛的体型。头方正，额宽，嘴齐，眼大有神，耳大且灵敏，鼻孔大，鼻镜肉红色，角短质细，角型不一。被毛细短，富有光泽，分紫红、红、浅红三种毛色。公牛颈稍短，背腰平直，结合良好，四肢粗壮，尻长稍斜，睾丸对称，发育良好。母牛头部清秀，体型偏低，腹大而不下垂，鬐甲较低且略薄，乳腺发育良好，肩长而斜。郏县红牛成年公牛体重 608 千克，体高 146 厘米；成年母牛体重 460 千克，体高 131 厘米。

（七）渤海黑牛

渤海黑牛原称"抓地虎牛""无棣黑牛"，是中国罕见的黑毛牛品种，原产于山东省滨州市，主要分布于无棣县、沾化县、阳信县和滨城区。在山东省的东营、德州、潍坊 3 市和河北省沧州市也有分布。

渤海黑牛被毛呈黑色或黑褐色，有些腹下有少量白毛，蹄、角、鼻镜多为黑色。低身广躯，后躯发达，体质健壮，形似雄狮，当地称为"抓地虎"。头矩形，头颈长度基本相等，角多为龙门角。胸宽深，背腰长宽、平直，尻部较宽、略显方尻。四肢开阔，肢势端正。蹄质细致坚实。公牛额平直，眼大有神，颈短厚，肩峰明显；母牛清秀，面长额平，四肢坚实，乳房呈黑色。渤海黑牛成年公牛体重 487 千克，体高 130 厘米；母牛体重 376 千克，体高 120 厘米。

（八）蒙古牛

蒙古牛是我国古老的牛种，原产于内蒙古高原地区，以大兴安岭东西两麓为主。现广泛分布于内蒙古、东北、华北北部和西北各地，蒙古和俄罗斯以及亚洲中部的一些国家也有饲养。蒙古牛是牧区乳、肉的主要来源，以产于锡林郭勒盟乌珠穆沁的类群最为著名。我国的三河牛和草原红牛都以蒙古母牛为基础群而育成。

蒙古牛体格中等，头短、宽而粗重。眼大有神，角向上前方弯曲，平均角长，母牛 25 厘米，公牛 40 厘米，角间线短，角间中点向下的枕骨部凹陷有沟。颈短而薄，鬐甲低平，肉垂不发达。胸部狭窄，肋骨开张良好，腹大、圆而紧吊，后躯短窄，尻部尖斜。四肢粗短，多呈"X"状肢势，后肢肌肉发达，蹄质坚实。乳房发育良好，乳房基部宽大，结缔组织少，但乳头小。毛色以黄褐色及黑色居多，其次为红（黄）白花或黑白花。成年公牛体高 120.9 厘米，体重 450 千克，母牛体高 110.8 厘米，体重 370 千克。

二、引进肉牛品种

（一）西门塔尔牛

西门塔尔牛原产于瑞士阿尔卑斯山西部西门河谷。19 世纪初育成，是乳肉兼用牛，役用性能也很好。自 20 世纪 50 年代开始，我国从苏联引进西门塔尔牛；70~80 年代，先后从瑞士、德国、奥地利等国引进西门塔尔牛。该品种是目前群体最大的引进兼用品种。1981 年成立中国西门塔尔牛育种委员会。中国西门塔尔牛品种于 2006 年在内蒙古和山东省梁山县同时育成，由于培育地点的生态环境不同，分为平原、草原、山区 3 个类群。

西门塔尔牛毛色多为黄白花或淡红白花，头、胸、腹下、四肢、尾帚多为白色。体格高大，成年母牛体重 550~800 千克，公牛 1 000~1 200 千克，犊牛初生重 30~45 千克；成年母牛体高 134~142 厘米，公牛 142~150 厘米。西门塔尔牛后躯较前躯发达，中躯呈圆筒型，额与颈上有卷曲毛，四肢强壮，大腿肌肉发达，蹄圆厚。乳房发育中等，乳头粗大，乳静脉发育良好。

在杂交利用或改良地方品种时，西门塔尔牛是优秀的父本。与我国北方黄牛杂交，所生后代体格增大，生长加快，杂种2代公架子牛育肥效果好，精料50%时日增重达到1千克，受到群众欢迎。西杂2代牛，产奶量达到2 800千克，乳脂率4.08%。

（二）夏洛莱牛

夏洛莱牛是著名的大型肉牛品种，原产于法国中西部到东南部的夏洛莱和涅夫勒地区。18世纪开始进行系统选育，主要通过本品种严格选育，1920年育成专门肉用品种。我国在1964年和1974年先后两次直接由法国引进夏洛莱牛，分布在东北、西北和南方部分地区用该品种与我国本地牛杂交进行改良，取得了明显效果。

夏洛莱牛体躯高大强壮，全身毛色乳白或浅乳黄色。头小而短宽，嘴端宽方，角中等粗细，向两侧或前方伸展，角色蜡黄。颈短粗，胸宽深，肋骨弓圆，腰宽背厚，臀部丰满，肌肉极发达，使体躯呈圆筒形，后腿肌肉尤其丰厚，常形成"双肌"特征，四肢粗壮结实。公牛常有双鬐甲和凹背者。蹄色蜡黄，鼻镜、眼睑等为白色。成年夏洛莱公牛体高142厘米，体重1 140千克；成年母牛体高、体重分别为132厘米、735千克。

（三）利木赞牛

利木赞牛原产于法国中部利木赞高原，并因此而得名。利木赞牛在法国的分布仅次于夏洛莱牛。利木赞牛源于当地大型役用牛，主要经本品种选育，于1924年育成，属于专门化的大型肉牛品种。1974年和1993年，我国数次从法国引入利木赞牛，在河南、山东、内蒙古等地改良当地黄牛。

利木赞牛毛色多以红黄为主，腹下、四肢内侧、眼睑、鼻周、会阴等部位毛色较浅，为白色或草白色。头短、额宽、口方、角细。蹄壳琥珀色。体躯冗长，肋骨弓圆，背腰壮实，荐部宽大，但略斜。肌肉丰满，前肢及后躯肌肉块尤其突出。在法国，较好的饲养条件下，成年公牛体重可达1 200~1 500千克，公牛体高140厘米；成年母牛600~800千克，母牛体高131厘米。

（四）安格斯牛

安格斯牛产于英国苏格兰北部的阿伯丁、安格斯和金卡丁等郡，全称阿伯丁-安格斯牛。安格斯牛是英国最古老的肉牛品种之一，但在1800年以后才开始被单独识别出来，作为优种肉牛进行饲养。安格斯牛的有计划育种工作，始于 18 世纪末，着重在早熟性、屠宰率、肉质、饲料转化率和犊牛成活率等方面进行选育，1862 年育成。现在世界上主要的养牛国家，大多数都饲养安格斯牛。中国安格斯牛最近 30 年开始生产，生产基地在东北和内蒙古。

安格斯牛无角，毛色以黑色居多，也有红色或褐色。体格低矮，体质紧凑、结实。头小而方，额宽，颈中等长且较厚，背线平直，腰荐丰满，体躯宽而深，呈圆筒形。四肢短而端正，全身肌肉丰满。皮肤松软，富弹性，被毛光泽而均匀，少数牛腹下、脐部和乳房部有白斑。成年公牛平均体重 700 ~ 750 千克，母牛 500 千克，犊牛初生重 25 ~ 32 千克。成年公牛体高 130.8 厘米，母牛 118.9 厘米。

（五）海福特牛

海福特牛也是英国最古老的肉用品种之一，原产于英国英格兰西部威尔士地区的海福特县、牛津县及邻近诸县，属中小型早熟肉牛品种。海福特牛是在威尔士地方土种牛的基础上选育而成的。在培育过程中，曾采用近亲繁殖和严格淘汰的方法，使牛群早熟性和肉用性能显著提高，于 1790 年育成海福特品种。海福特牛现在分布在世界许多国家，我国在 1913 年、1965 年曾陆续从美国引进海福特牛，现已分布于我国东北、西北广大地区。

海福特牛体躯的毛色为橙黄色、黄红色或暗红色，头、颈、腹下、四肢下部和尾帚为白色，即"六白"特征。头短宽，角呈蜡黄色或白色。公牛角向两侧伸展，向下方弯曲，母牛角尖向上挑起，鼻镜粉红。体型宽深，前躯饱满，颈短而厚，垂皮发达，中躯肥满，四肢短，背腰宽平，臀部宽厚，肌肉发达，皮薄毛细，整个体躯呈圆筒状。分有角和无角两种。

成年海福特公牛体高 134.4 厘米，体重 850 ~ 1 100 千克；成年母牛体高 126 厘米，体重 600 ~ 700 千克。初生公犊重 34 千克，初生母犊重 32 千克。

（六）皮埃蒙特牛

皮埃蒙特牛原产于意大利北部皮埃蒙特地区，包括都灵、米兰等地，属于欧洲原牛与短角瘤牛的混合型，是在役用牛基础上选育而成的专门化肉用品种。皮埃蒙特牛是目前国际上公认的终端父本，已被 20 多个国家引进，用于杂交改良。我国于 1987 年和 1992 年先后从意大利引进皮埃蒙特牛，并开展了皮埃蒙特牛对中国黄牛的杂交改良工作，现已在 10 余省市推广应用。

皮埃蒙特牛体型较大，体躯呈圆筒状，肌肉发达。毛色为乳白色或浅灰色，鼻镜、眼圈、肛门、阴门、耳尖、尾帚为黑色，犊牛幼龄时毛色为乳黄色，后变为白色。成年公牛体重 800~1 000 千克，母牛 500~600 千克。公牛体高 140 厘米，体长 170 厘米；母牛体高 136 厘米，体长 146 厘米。公犊初生重 42 千克，母犊初生重 40 千克。

（七）德国黄牛

德国黄牛原产于德国和奥地利，其中德国数量最多，是瑞士褐牛与当地黄牛杂交育成的品种，可能含有西门塔尔牛的基因。1970 年出版良种登记册，为肉乳兼用品种。德国黄牛主要分布在德符次堡和纽伦堡地区以及相邻的奥地利毗邻地区。1996 年和 1997 年，我国先后从加拿大引进纯种德国黄牛，表现适应性强、生长发育良好，主要用于各地黄牛的改良。

德国黄牛毛色为浅黄色、黄色或淡红色。体型外貌近似西门塔尔牛。体格大，体躯长，胸深，背直，四肢短而有力，肌肉强健。成年公牛体重 1 000~1 100 千克，母牛体重 700~800 千克；公牛体高 135~140 厘米，母牛体高 130~134 厘米。

（八）契安尼娜牛

契安尼娜牛原产于意大利多斯加尼地区的契安尼娜山谷，由当地古老役用品种培育而成。1931 年建立良种登记簿，是目前世界上体型最大的肉牛品种。契安尼娜牛现主要分布于意大利中西部的广阔地域。

契安尼娜牛被毛白色，尾帚黑色，除腹部外，皮肤均有黑色素；犊牛初生时，被毛为深褐色，在 60 日龄内逐渐变为白色。契安尼娜牛体躯长，四肢高，体格大，结构良好，但胸部深度不够。成年公牛体重 1 500 千克，最大可达 1 780 千克，母牛体重 800~900 千克；公牛体高 184 厘米，母牛体高 157~170 厘米。公犊初生重 47~55 千克，母犊初生重 42~48 千克。

（九）日本和牛

日本和牛原产于风景如画、环境优美的日本关西兵库县的但马地区。这里的山野中盛产各种草药，许多平时放牧的草场，绿草中都夹杂生长着一些不知名的草药，"和牛"就是在这种环境中吃着草药、喝着矿泉水慢慢长大的。日本和牛是在日本土种役用牛基础上经杂交培育成的肉用品种。1870 年起，日本和牛由役用逐渐向役肉兼用方向发展。1900 年以后，先后引入德温牛、瑞士褐牛、短角牛、西门答尔牛、朝鲜牛、爱尔夏牛和荷斯坦牛等，与日本和牛进行杂交，目的是增大体格，提高肉、乳生产性能。但有计划的杂交却始于 1912 年。1948 年成立日本和牛登记协会，1957 年宣布育成肉用日本和牛。很长时间以来，日本禁止和牛品种出口到国外，但现在澳大利亚已有农场饲养和牛，我国一些养殖场也引进了日本和牛。日本和牛是我国十分珍贵的优质肉牛品种资源。

日本和牛毛色多为黑色和褐色，少见条纹及花斑等杂色。体躯紧凑，腿细，前躯发育良好，后躯稍差。体型小，成熟晚。公牛成年体重700千克，母牛400千克。公牛体高137厘米，母牛124厘米。

日本和牛是当今世界公认的品质最优秀的良种肉牛，其肉大理石花纹明显，又称"雪花肉"。由于日本和牛的肉多汁细嫩、肌肉脂肪中饱和脂肪酸含量很低，风味独特，肉用价值极高，在日本被视为"国宝"，在西欧市场也极其昂贵。

日本饲养的和牛，对饲料和品质控制非常严谨，每只和牛在出生时便有证明书以证明其血统。自出生后，和牛便以牛奶、草及含蛋白质的饲料饲养，一些牧场更会聘请专人为牛只按摩及灌饮啤酒，令其肉质更鲜嫩。高质素的和牛，其油花较其他品种的牛肉多、密而平均。油花是肌肉的松软脂肪，其分布平均细致，肉质便会嫩而多汁，油花在25℃便会融化，带来入口即溶的口感。肉质色泽以桃红色为最佳，脂肪色泽则以雪白色为佳，如油脂经氧化，颜色会变为带黄色或灰色，质素则较逊。澳大利亚饲养的和牛成本更高，因为农场主为了提高肉的质量和产量，会在和牛的饲料中加入优质红葡萄酒。

第二节　肉牛品种的选择

我国肉牛生产发展较晚，没有大群引进肉用品种牛，肉牛安全生产应根据资源、市场和经济效益等自身具体条件决定，其中，合理选择养殖品种至关重要。同时，我国地域辽阔，地域差别很大，原生牛种数量多，各品种在生产性能和适应性方面呈高度差异，因此，肉牛安全生产还应根据自然资源状况、气候条件和地理特征，分区域统筹考虑。

一、育肥肉牛的品种选择

为发挥区域比较优势和资源优势，加快优势区域肉牛产业的发展和壮大，构筑现代肉牛生产体系，提高牛肉产品市场供应保障能力和国际市场竞争能力，国家农业部于2003年发布了《肉牛肉羊优势区域发展规划（2003—2007年）》，2009年又发布了《全国肉牛优势区域布局规划（2008—2015年）》，对各区域肉牛养殖产业的目标定位与主攻方向做了明确的规划。养殖户选择肉牛，应首先参照区域布局规划给出的指导意见，选择适宜区域目标定位的品种，保证产品能够推向区域大市场。

1. 按区域特点选择

（1）南方区域 指秦岭、淮河以南的部分省区，包括湖北、湖南、广西、广东、江西、浙江、福建、海南、重庆、贵州、云南及四川东南部等广大区域。该区域农作物副产品资源和青绿饲草资源丰富，但肉牛产业基础薄弱，地方品种个体小，生产能力相对较低。该区域内的养殖户，建议使用婆罗门牛、西门塔尔牛、安格斯牛和婆墨云牛等品种的改良牛。

（2）中原区域 包括山西、河北、山东、河南、安徽和江苏等地。该区域农副产品资源和地方良种资源丰富，最早进行肉牛品种改良并取得显著成效。该区域内的养殖户建议使用西门塔尔牛、安格斯牛、夏洛莱牛、利木赞牛和皮埃蒙特牛等品种的改良牛。该区域的原生牛品种，如鲁西牛、南阳牛、晋南牛、郏县红牛、渤海黑牛等，经长期驯化形成，具有适应性强、产肉率高的特点，也是优先选择的肉牛品种。

（3）东北区域 包括黑龙江、吉林、辽宁和内蒙古自治区东部地区。该区域具有丰富的饲料资源，饲料原料价格低，肉牛生产效率较高，平均胴体重高于其他地区。该区域内的养殖户，建议使用西门塔尔牛、安格斯牛、夏洛莱牛、利木赞牛以及黑毛和牛等品种的改良牛。该区域内的地方品种，如延边牛、蒙古牛、三河牛和草原红牛等，具有繁殖性能好、耐寒耐粗饲料等特点，也可考虑选择使用。

（4）西部区域 包括陕西、甘肃、宁夏、青海、西藏、新疆、内蒙古西部及四川西北部。该区域天然草原和草山草坡面积较大，引进美国褐牛、瑞士褐牛等国外优良肉牛品种后，在地方品种改良上取得了较好的效果。该区域内的养殖户建议使用安格斯牛、西门塔尔牛、利木赞牛、夏洛莱牛等品种的改良牛。适宜选择的国内品种主要有新疆褐牛、秦川牛。四川西北地区牦牛品种和数量相对较大，已形成优势产业，应重点推广大通牦牛等牦牛品种。

2. 按市场要求选择

（1）瘦肉市场 市场需求脂肪含量少的牛肉时，可选择使用皮埃蒙特牛、夏洛莱牛、比利时蓝白花牛等引进品种的改良牛，或者选择荷斯坦牛的公犊。改良代数越高，其生产性状越接近引进品种，但只有饲养管理条件与该品种特性一致时，才能充分发挥该杂种牛的最优性状。上述品种主要在农区圈养育成，若改用放牧方式，饲养于牧草贫乏的山区、牧区则效果不好。不管在什么地区，日粮中蛋白质含量必须满足需要才行，否则，很难获得理想的日增重。

（2）肥肉市场　市场需要含脂肪较高的牛肉时，可选择地方优良品种，如晋南牛、秦川牛、南阳牛和鲁西牛等，这些品种耐粗饲，只要日粮能量水平高，即可获得含脂肪较多的胴体。除了地方品种，也可选择安格斯牛、海福特牛、短角牛等引进品种的改良牛。需要注意的是，除海福特牛以外，引进品种均不耐粗饲，需要有良好的饲料条件。

（3）花肉市场　花肉即五花肉。高品质的五花牛肉，脂肪沉积到肌肉纤维之间，形成红、白相间的大理石花纹，俗称"大理石状"牛肉或"雪花"牛肉。这种牛肉香、鲜、嫩，是中西餐均适用的高档产品。市场需求"雪花"牛肉时，需要选择地方优良品种以及安格斯牛、利木赞牛、西门塔尔牛、短角牛等引进品种的改良牛。在高营养条件下育肥这类牛，既能获得高日增重，也容易形成受市场欢迎的五花肉。

（4）白肉市场　白肉用犊牛育肥而成，肉色全白或稍带浅粉色，肉质细嫩，营养丰富，味道鲜美，市场价格比普通牛肉高出数倍。白肉可分为小白牛肉和小牛肉两种。用牛奶作日粮，养到 4~5 月龄、体重 150 千克左右屠宰的肉叫小白牛肉；用代乳料作日粮，养到 7~8 月龄、体重 250 千克左右屠宰的肉叫小牛肉。生产白肉的品种，以乳用公犊最佳，肉用公犊次之。市场需要白肉时，选择乳牛养殖业淘汰的公牛犊，低成本也可获得高效益。选择经夏洛莱牛、利木赞牛、西门塔尔牛、皮埃蒙特牛等优良品种改良的公犊，也可培育出优质的犊牛肉。

3. 按经济效益选择

（1）考虑产销关系　生产"白肉"投入很大，必须按市场需求量有计划地进行，不能盲目扩大生产。"雪花牛肉"在餐饮行业市场较广，是肥牛火锅、铁板牛肉、西餐牛排等销售渠道优先选用的产品，但成本较高，市场风险相对较大。所以，牛肉生产应按市场需求，做到以销定产。最好建立自己的供销体系，或者纳入已有的供销体系中。没有稳妥可靠的销售渠道，无法很好地适应牛肉市场需求，只能选择生产普通牛肉的品种。

（2）考虑杂种优势　用引进国外优良品种培育的改良牛，具有明显的杂种优势，生长发育快，抗病力强，适应性好，可在一定程度上降低饲养成本。选择具有杂种优势的改良牛，养殖效益相对较好。有条件的地方，可建立优良多元杂交体系、轮回体系，进一步提高优势率；也可按照市场需求，利用不同杂交系改善牛肉质量，达到最高的经济效益。

（3）考虑性别特点　在确定肉牛品种的前提下，适度考虑肉牛个体的性别特点，对养殖效益也有一定的影响。公牛生长发育快，在日粮丰富时可获得高日增重和高瘦肉率，生产瘦牛肉时应优先选择。相反，如果生产高脂肪牛肉与五花牛肉，则以母牛为宜。但需要注意的是，母牛较公牛多消耗10%以上的精料。阉牛的特性处于公牛和母牛之间。如果使用去势的架子牛，应在3~6月龄时去势，这样可以减少应激，显著提高出肉率和肉的品质。

（4）考虑体质外貌　在选择架子牛时应该注重外貌和体重。肉牛体型要求发育良好、骨架大、胸宽深、背腰长宽直等。一般情况下，1.5~2岁牛的体重应在300千克以上，体高和胸围最好大于该月龄牛的平均值。另外还要看毛的颜色，角的状态，蹄、背、腰的强弱，肋骨的开张程度，肩胛的形状等。四肢与躯体较长的架子牛，有生长发育潜力；若幼牛体型已趋匀称，则将来发育不一定很好；十字部略高于体高和后肢飞节高的牛，发育能力强；皮肤松弛柔软、被毛柔软致密的牛，肉质良好；发育虽好但性情暴躁的牛，管理起来比较困难。体质健康、10岁以上的老牛，采用高营养水平育肥2~3个月，也可获得丰厚的经济效益，但不能采用低营养水平延长育肥期的方法，否则，牛肉质量差，且会增加饲草消耗和人工费用。

4. 按资源条件选择

（1）农区　农区以种植业为主，作物秸秆多，可利用草田轮作饲养西门塔尔等品种的改良牛，主要目标是为产粮区提供架子牛，以取得最大经济效益。而在酿酒业与淀粉业发达的地区，充分利用酒糟、粉渣等农副产品，购进架子牛进行专业育肥，能大幅度降低生产成本，取得最好的经济收益。

（2）牧区　牧区饲草资源丰富，养殖业发达，肉牛产业应以饲养西门塔尔牛、安格斯牛、海福特牛等引进品种的改良牛为主，主要目标是为农区及城市郊区提供架子牛。山区也具有充足的饲草资源，但肉牛育肥相对困难，也可以借鉴牧区的养殖模式，专门培育西门塔尔牛、安格斯牛、海福特牛等改良牛的架子牛。

（3）乳业区　乳牛业发达的地区，以生产白肉最为有利，因为有大量乳公犊可以利用，并且通过利用异常奶、乳品加工副产品等搭配日粮，也能大幅度降低生产成本。乳业区可充分利用乳牛公犊和淘汰乳牛等肉牛资源。这类肉牛的特点是体型大、增重快，但肉质相对较差。

5. 按气候条件选择

牛是喜凉怕热的家畜，如果气温过高（30℃以上），气温就会成为育肥的限制因子，所以，养牛防暑很重要。若没有条件防暑降温，则应选择耐热品种。

二、育种肉牛的选择方法

1. 肉牛的外貌特征

肉用牛是通过人工选育形成的具有专门肉用性能的牛。其外貌特征，从牛的整体来看，四肢短直，体躯低垂，皮薄骨细，全身肌肉丰满，疏松而匀称。细致疏松型表现明显，整个体躯短、宽、深。前望、侧望、后望、俯望的轮廓，均呈"矩形"。

由于肉用牛的体型方整，在比例上，前躯和后躯都高度发达，显得中躯相对较短，以致全身粗短紧凑，皮肤细薄而松软，皮下脂肪发达，尤其是早熟的肉牛，被毛细密而富有光泽，呈现卷曲状态的，是优良肉用牛的特征。

从肉用牛的局部来看，与产肉性能最为重要的部位有鬐甲、背腰、前胸和尻部等部位。其中尻部最重要。

鬐甲要求宽厚多肉，与背腰平直，前胸饱满突出于两前肢之间，垂肉细软而不甚发达，肋骨弯曲度大，肋间隙较窄，两肩与胸部结合良好，无凹陷痕迹，丰满多肉。

背、腰要求宽广，与鬐甲及尾根在一条直线上，平坦而多肉。沿脊椎两侧和背腰非常发达，常形成"双背复腰"。腰宽欨小，腰线平直，宽广而丰圆。整个中躯呈现粗短圆筒状。

尻部对肉用牛来说特别重要，它应宽、长、平、直而富于肌肉，忌尖尻或斜尻。两腿宽而深厚，十分丰满。腰角丰圆，不可突出。两坐骨距离宽，厚实多肉，连接腰角、坐骨端与飞节三点，构成丰满多肉的肉三角形。

我国劳动人民总结肉牛的外貌特征为"五宽五厚"，即"额宽，颊厚；颈宽，垂厚；胸宽，肩厚；背宽，肋厚；尻宽，臀厚"。这种总结，对肉用牛体型外貌鉴定要点作出了精确的概括。

2. 肉牛的选择要求

牛的体型首先受躯干和骨骼大小的影响，如颈宽厚是肉用牛的特征，与乳用牛要求颈薄形成对照，肉用牛肩峰平整且向后延伸直到腰与后躯都保持宽厚，这是生产高比例优质肉的标志。

犊牛体型可分成不同类型，犊牛生长早期如果在后肋、阴囊等处就沉积脂肪，表明不可能长成大型肉用牛。体躯很丰满而肌肉发育不明显，也是早熟品种的特点，对生产高瘦肉率是不利的。大骨架的牛比较有利于肌肉着生，但在选择时往往被忽视。

青年阶段体格较大而肌肉较薄，表明它是晚熟的大型牛，它将比体小而肌肉厚的牛更有生长潜力。因肌肉发达程度随年龄的增长而加强，并相对地超过骨骼生长，所以同龄的大型牛早期肌肉生长并不好，后期却能成为肌肉发达的肉牛。

体躯的骨骼、肌肉和脂肪沉积程度共同影响着外表的厚度、深度和平滑度。牛在生长期，肩胛、颈、前胸、后肋部以及尾根等部位如果形态清晰、宽而不丰满，会有发育前途，相反，外貌丰满而骨架很小的牛不会有很大的长势。

不同的牛种在体型上有各自的特点，因各部位都受品种的影响，所以肉牛各部位好坏的评价，不同品种之间的评分不同，但都要强调综合性状。

3. 育种肉牛的选择方法

肉牛的选择方法，主要包括单项选择（纵列选择或衔接选择）法、独立淘汰法和指数选择法等3种方法。

（1）单项选择法　指按顺序逐一选择所要改良的性状，即当第一个性状经选择达到育种目标后，再选择第二个性状进行改良，以此类推地选择下去，直到全部性状都得到改良为止。这种方法简单易行，而且就某一性状而言，其选择效果很好。主要缺点是，当一次选择一个性状时，同时期别的性状较差的牛只仍会待在群内，影响整个牛群质量。

（2）独立淘汰法　指同时选择几个性状，分别规定最低标准，只要有一个性状不够标准，即可予以淘汰。此法简单易行，能收到全面提高选择效果的作用。但这种方法选择的结果，容易将一些只有个别性状没有达到标准、其他方面都优秀的个体淘汰掉，而选留下来的，往往是各个性状都表现中等的个体。此法的缺点，是对各个性状在经济上的重要性以及遗传力的高低都没有给予考虑。

（3）指数选择法　指根据综合选择指数进行选择。这个指数是运用数量遗传学原理，将要选择的若干性状的表型值，根据其遗传力、经济上的重要程度及性状间的表型相关和遗传相关，给予不同的适当权值，制订出一个可以使个体间相互比较的数值，然后，根据这个数值进行选择。

为了便于比较，把各性状都处于牛群平均值的个体选择指数值定为100，其他个体都与100比较，超过100者为优良，给予保留，不足100者就需要淘汰。

指数选择法效果的好坏，主要取决于加权值制订得是否合理。制订每个性状的加权值，主要决定于性状的相对经济价值及每个性状的遗传力和性状之间的遗传相关。

另外，选择肉牛种牛的先进方法还有最佳线性无编预测法（BLUP 法）和新的动物模型法等方法。

4. 育种肉牛的选择途径

肉牛选择的一般原则是：选优去劣，优中选优。种公牛和种母牛的选择，是从品质优良的个体中精选出最优个体，即是"优中选优"。而对种母牛大面积的普查鉴定和等级评定等，则又是"选优去劣"的过程。在肉牛公母牛的选择中，种公牛的选择对牛群的改良起着关键作用。

种公牛的选择，首先是审查系谱，其次是审查该公牛外貌表现及发育情况，最后还要根据种公牛的后裔测定成绩，断定其遗传性能是否稳定。对种母牛的选择，则主要根据其本身的生产性能或与生产性能相关的一些性状进行考虑，此外，还要参考其系谱、后裔及旁系的表现情况做出决定。所以，选择肉牛的途径，主要包括系谱选择、本身选择、后裔选择和旁系选择等 4 项。

（1）系谱选择　系谱记录资料是比较牛只优劣的重要依据。选择小牛时，考察其父母、祖父母及外祖父母的性能成绩，对提高选种的准确性有重要作用。资料表明，种公牛后裔测定的成绩与其父亲后裔测定成绩的相关系数为 0.43，与其外祖父后裔测定成绩的相关系数为 0.24，而与其母亲 1~5 个泌乳期产奶量之间的相关系数只有 0.21、0.16、0.16、0.28、0.08。由此可见，估计种公牛育种值时，对来自父亲的遗传信息和来自母亲的遗传信息，不能等量齐观，而应有所侧重。

（2）本身选择（个体成绩选择）　本身选择就是根据种牛个体本身一种或若干种性状的表型值，判断其种用价值，从而确定个体是否选留，该方法又称性能测定和成绩测验。具体做法，可以在环境一致并有准确记录的条件下，与所有牛群的其他个体进行比较，或与所在牛群的平均水平比较。有时也可以与鉴定标准进行比较。

当小牛长到 1 岁以上时，就可以直接测量其某些经济性状（如 1 岁活重、肥育期增重效率等）进行选择。而对于胴体性状，则只能借助先进设备（如超声波测定仪等）进行辅助测量，然后对不同个体做出比较。对遗传力高的性状，适宜采用这种选择途径。

肉用种公牛的体型外貌，主要看其体型大小、全身结构是否匀称、外型和毛色是否符合品种要求、雄性特征是否明显、有无明显的外貌缺陷等。无论从哪个方向看，体躯都应呈明显的长方形、圆筒状，才是典型肉用牛的基本特征。凡是肢势不正、背线不平、颈线薄、胸狭腹垂、尖斜尻等，都是不良表现；而生殖器官发育良好、睾丸大小正常且有弹性等，则是性能优良的表现。凡是体型外貌有明显缺陷、生殖器官畸形、睾丸大小不一等，均不合乎种用特征。肉用种公牛的外貌评分不得低于一级，其中，核心公牛要求外貌评分应为特级。

除查看外貌外，还要测量种公牛的体尺和体重，按照品种标准分别评出等级。另外，还需要检查种公牛的精液质量，正常情况下，精子活力应不低于0.7，死精、畸形精子过多者（高于20%）不能作种用。

（3）后裔测验（成绩或性能试验） 后裔测验是根据后裔各方面的表现情况来评定种公牛好坏的一种鉴定方法，这是多种选择途径中最为可靠的选择方法。具体方法是将选出的种公牛与一定数量的母牛进行配种，然后对这些母牛所生的犊牛进行成绩测定，从而评价使（试）用种牛品质优劣。这种方法虽然准确可靠，但需要的时间较长，往往等到后裔成绩出来时，被测种牛年龄已大，丧失了不少可利用的时间和机会。为改进这一缺陷，人们提出了一些技术方法，借以缩短测定时间。如：对被测公牛在后裔测验成绩出来之前，可以先采精并用液氮贮存，待成绩确定后再决定原冷冻精液是使用还是作废。使用这种方法，既可以对公牛的种用价值做出评定，也可以对母牛的种用价值做出评定；既可以对数量性状进行选择，也可以对质量性状加以选择。在生产中，后裔测定多用于选择种公牛。

（4）旁系选择（同胞或半同胞牛选择） 旁系是指选择个体的兄弟、姐妹、堂表兄妹等。它们与该个体的关系愈近，其材料的选择价值就越大。利用旁系材料的主要目的，是想从侧面证明一些由个体本身无法查知的性能（如公牛的泌乳力、配种能力等）。此法与后裔测定的结果相比较，可以节省时间。种牛的遗传力、育种值等遗传参数，均可通过旁系材料进行计算。

肉用种公牛的肉用性状，主要根据半同胞材料进行评定。应用半同胞材料估计后备公牛育种值的优点，是可对后备公牛进行早期鉴定，比后裔测定至少缩短4年以上的时间。

第三节　肉牛的经济杂交与利用

杂交是肉牛生产不可缺少的手段，采取不同品种牛进行品种间杂交，不仅可以相互补充不足，也可以产生较大的杂种优势，进一步提高肉牛生产力。经济杂交是采用不同品种的公母牛进行交配，以生产性能低的母牛或生产性能高的母牛与优良公牛交配来提高子代经济性能。其目的是利用杂种优势。经济杂交可分为二元杂交和多元杂交。

一、二元杂交

二元杂交是指两个品种间只进行一次杂交，所产生的后代不论公母牛都用于商品生产，也叫简单经济杂交。在选择杂交组合方面比较简单，只测定一次杂交组合配合力。但是没有利用杂种一代母牛繁殖性能方面的优势，在肉牛生产早期不宜应用，以免由于淘汰大量母牛从而影响肉牛生产，在肉牛养殖头数饱和之后可用此法，见图2-1-1。

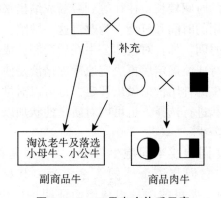

图2-1-1　二元杂交体系示意

二、多元杂交

多元杂交是指3个或3个以上品种间进行的杂交，是复杂的经济杂交。即用甲品种牛与乙品种牛交配，所生杂种一代公牛用于商品生产，杂种一代母牛再与丙品种公牛交配，所生杂种二代父母用于商品生产，或母牛再与其他品种公牛交配。其优点在于杂种母牛留种，有利于杂种母牛繁殖性能上优势得以发挥，犊牛是杂种，也具杂种优势。其缺点是所需公牛品种较多，需要测试杂交组合多，必须保证公牛与母牛没有血缘关系，才能得到最大优势，见图2-1-2。

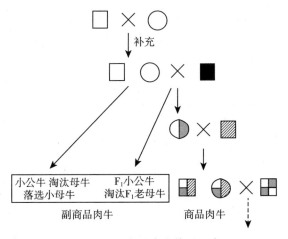

图 2-1-2　多元杂交体系示意

三、轮回杂交

轮回杂交是指用两个或更多种进行轮番杂交，杂种母牛继续繁殖，杂种公牛用于商品肉牛生产，分为二元轮回杂交和多元轮回杂交，见图2-1-3。其优点是除第一次外，母牛始终是杂种，有利于繁殖性能的杂种优势发挥，犊牛每一代都有一定的杂种优势，并且杂交的2个或2个以上的母牛群易于随人类的

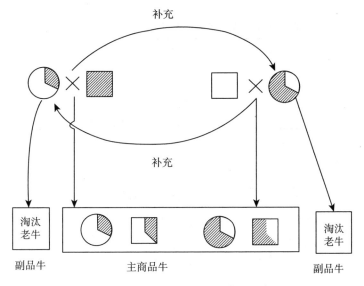

图 2-1-3　二元轮回杂交体系示意

需要动态提高，达到理想时可由该群母牛自繁形成新品种。本法缺点是形成完善的两品种轮回则需要 20 年以上的时间，各种生产性杂交效益比较见表 2-1-1、表 2-1-2。目前肉牛生产中值得提倡的一种方式。

表 2-1-1　各种杂交利用母牛群结构及商品牛　　　　　　　（%）

杂交体系	繁殖成活率	纯种母牛群				两品种杂种母牛		商品牛（商品数/母牛总数）						
								主商品		副商品				
		总数	其中适龄母牛	用于本群纯繁母牛	用于生产杂种一代母牛	总数	其中适龄母牛	两品种杂种	三品种杂种	纯种小牛	纯种老牛	两品种杂种小牛	两品种杂种老牛	三品种杂种老牛
二元	90	100	76.92	23.07	53.85			48.46		13.08	7.69			
	50	100	76.92	41.54	35.28			17.69		13.08	7.69			
三元（二元终端公牛）	90	24.1	18.54	5.56	12.97	75.90	58.39		52.55	3.15	1.85	5.84	5.84	
	50	46.51	35.78	19.32	16.46	53.49	41.14		20.57	6.08	3.58	4.11	4.11	
二元轮回	90					100	76.92	61.54					7.69	
	50					100	76.92	30.77					7.69	
三元轮回	90					100	76.92		61.54					7.69
	50					100	76.92		30.77					7.69

注：1. 母牛平均利用年限为 13 岁；2. 27 月龄产第一胎；3. 纯种母牛选择率按 74% 计算，即每生 27 头母犊最后补充牛群 20 头，淘汰 7 头计。

表 2-1-2　各种杂交利用体系杂交利用率比较　　　　　　　（%）

母牛繁殖成活率	二元杂交		三元杂交		二元轮回		三元轮回	
	杂交利用率	比较	杂交利用率	比较	杂交利用率	比较	杂交利用率	比较
90	55.73	100	77.02	138.2	78.92	141.61	82.38	147.82
50	20.34	100	34.34	168.83	43.84	215.54	45.77	225.02

注：1. 杂交利用率＝商品率×（1+杂交优势）；2. 本表未考虑纯种牛的销售价值。

四、地方良种黄牛杂交利用

黄牛改良实践证明，用夏洛莱、西门塔尔、利木赞、海福特、安格斯、皮埃蒙特牛与本地黄牛进行两品种杂交、多元杂交和级进杂交等，其杂种后代的肉用性能都得到显著的改善。改良初期都获得良好效果，后来认为以夏洛莱牛、西门塔尔牛做改良父本牛，并以多元杂交方式进行本地黄牛改良效果更好。如果不断采用一个品种公牛进行级进杂交，3~4 代以后会失掉良种黄牛的优良特性。因此，黄牛改良方案选择和杂交组合的确定，一定要根据本地黄牛和引入品种牛的特性以及生产目的确定，以杂交配合力测定为依据确定杂交组合。为此，在地方良种黄牛经济杂交中应注意以下几点。

1. 良种黄牛保种

我国黄牛品种多，分布区域广，对当地自然条件具有良好适应性、抗病力、耐粗饲等优点，其中地方良种牛，如晋南牛、秦川牛、南阳牛、鲁西黄牛、延边牛、渤海黑牛等具有易育肥形成大理石状花纹肉、肉质鲜嫩而鲜美的优点，这些优点已超过这些指标最好的欧洲各种安格斯牛，这些都是良好的基因库，是形成优秀肉牛品种的基础，必须进行保种。这些品种还应进行严格的本品种选育，加快纠正生长较慢的缺点，成为世界级的优良品种。

2. 选择改良父本

父本牛的选择非常重要，其优劣直接影响改良后代肉用生产性能。应选择生长发育快、饲料利用率高、胴体品质好、与本地母牛杂交优势大的品种；应该是适合本地生态条件的品种。

3. 避免近亲

防止近亲交配，避免退化，严格执行改良方案，以免非理想因子增加。

4. 加强改良后代培育

杂交改良牛的杂种优势表现仍取决于遗传基础和环境效应，其培育情况直接影响肉牛生产，应对杂交改良牛进行科学的饲养管理，使其改良的获得性得以充分发挥。

5. 黄牛改良的社会性

由于牛的繁殖能力非常低，世代间隔非常长，所以黄牛改良进展极慢，必须多地区协作几代人努力才能完成。

第三章
肉牛饲养管理技术

第一节　肉牛的生长发育规律与影响因素

一、肉牛的生长发育规律

牛的产肉性能是由遗传基因、饲养管理条件决定的，并在整个生长发育过程中逐步形成的。因此，要提高牛的产肉量，改善肉的品质，除选择好品种和改善管理条件以外，必须认识牛的生长发育规律。

（一）体重

牛的初生重大小与遗传基础有直接关系。在正常的饲养管理条件下，初生重大的犊牛生长速度快、断奶重也大。一般肉牛在8月龄内生长速度最快，以后逐渐减慢，到了成年阶段（一般3~4岁）生长基本停止。据报道，牛的最大日增重是在250~400千克活重期间达到的，也因日粮中的能量水平而异。

饲养水平下降，牛的日增重也随之下降，同时也降低了肌肉、骨骼和脂肪的生长。特别在肥育后期，随着饲养水平的降低，脂肪的沉积数量大为减少。当牛进入性成熟（8~10月龄）以后，阉割可以使生长速度下降。据报道，在牛体重90~550千克，阉割以后减少了胴体中瘦肉和骨骼的生长速度，但却增加了脂肪在体内的沉积速度。尤其在较低的饲养水平下，阉牛脂肪组织的沉积程度远远高于公牛。不同品种和类型牛的体重增长规律也不一样。

（二）体形

初生犊牛，四肢骨骼发育早而中轴骨骼发育迟，因此牛体高而狭窄，臀部高于鬐甲。到了断奶（6~7月龄）前后，体躯长度增长加快，其次是高度，而宽度和深度稍慢，因此牛体增长，但仍显狭窄，前、后躯高差消失。断奶至

14~15 月龄，高度和宽度生长变慢，牛体进一步加长、变宽。15~18 月龄以后，体躯继续向宽、深发展，高度停止增长，长度增长变慢，体形浑圆。

（三）胴体组织

随着动物生长和体重的增加，胴体中水分含量明显减少，蛋白质含量的变化趋势相同，只是幅度较小。胴体脂肪明显增加，灰分含量变化不大。

骨骼的发育以 7~8 月龄为中心，12 月龄以后逐渐变慢。内脏的发育也大致与此相同，只是 13 月龄以后其相对生长速度超过骨骼。肌肉从 8~16 月龄直线发育，以后逐渐减慢，12 月龄左右为其生长中心。脂肪则是从 12~16 月龄急剧生长，但主要指体脂肪，而肌间和肌内脂肪的沉积要等到 16 月龄以后才会加速。胴体中各种脂肪的沉积顺序为皮下脂肪、肾脏脂肪、体腔脂肪和肌间脂肪。

（四）肉质

肉的大理石纹从 8~12 月龄没有多大变化。但 12 月龄以后，肌肉中沉积脂肪的数量开始增加，到 18 月龄左右，大理石纹明显，即五花肉形成。12 月龄以前，肉色很淡，显粉红色；16 月龄以上，肉色显红色；到了 18 月龄以后肉色变为深红色。肉的纹理、坚韧性、结实性以及脂肪的色泽等变化规律和肉色相同。

二、影响肉牛生长发育的因素

牛肉是我们生活中常见的动物性蛋白。那么在肉牛的养殖中，影响肉牛生长发育的因素有哪些。

（一）品种和生产类型

牛的品种和类型是决定生长速度和肥育效果的重要因素，二者对牛的产肉性能起着主要作用。从品种和生产类型来看，肉用品种的牛与乳用牛、兼用牛和役用牛相比，其肉的生产力高，主要表现在它能较快地结束生长期，能进行早期肥育，提前出栏，节约饲料，能获得较高的屠宰率和胴体产肉率，而且屠体所含的不可食部分（骨和结缔组织）较少，脂肪在体内沉积均匀，大理石纹状结构明显，肉味好，品质优。不同品种间比较表明，肉用牛的净肉率高于黄牛，黄牛则高于乳用牛。

（二）年龄

牛的年龄对牛的增长速度、肉的品质和饲料报酬有很大影响。幼龄牛的肌纤维细嫩、水分含量高，脂肪含量少，肉色淡，经育肥可获得最佳品质的牛肉，老龄牛结缔组织增多，肌纤维变硬，脂肪沉积减少，肉质较粗又不易育肥。

从饲料报酬上看，一般是年龄越小，每千克增重消耗的饲料越少

从屠宰指标上看，在相同的饲养条件下，22.5 月龄牛的屠宰率、净肉率、肉骨比最高，而眼肌面积则以 18 月龄为最高。

从增重速度上看，在充分饲养的条件下，12 月龄以前的牛生长速度很快，以后明显变慢，体成熟时生长速度很慢。我国地方品种成熟较晚，一般 1.5~2 岁增重快。因此，在肉牛生产上应掌握肉牛的生长发育特点，在生长发育快的阶段给以充分的饲养，以发挥其增重效益。一般达到体成熟时的 1/3~1/2 时期屠宰比较经济。国外对肉牛的屠宰年龄大多为 1.5~2 岁，国内则为 1.5~2.5 岁。

（三）性别与去势

一般来说，母牛的肉质较好，肌纤维较细，肉味柔嫩多汁，容易肥育。公牛去势可以降低性兴奋，性情温顺、迟钝，容易肥育。酮体重、屠宰率和净肉率的高低顺序为公牛、去势牛和母牛，同时随着肉牛体重的增加，其脂肪沉积能力高低顺序为母牛、去势牛、公牛。育成公牛比去势牛的眼肌面积大，对饲料有较高的转化率和较快的增重速度，一般生长率高。

（四）饲养管理

1. 饲养水平

在不同的饲养阶段，肉牛对饲料品质有不同的要求。幼龄牛需要较高的蛋白质饲料，成年牛和育肥后期需要较高的能量饲料。不同地域所能提供的饲料类型和加工条件不同，也需要调整育肥日程。饲料转化为肌肉的效率要远远高于饲料转化为脂肪。

肉牛在育肥全过程中，按饲养水平划分，可分为以下 5 种类型。

（1）高高型　从育肥开始直至结束都是高营养水平。

（2）中高型　育肥前期中等营养水平，后期高营养水平。

（3）低高型　育肥前期低营养水平，后期高营养水平。

（4）高低型　育肥前期高营养水平，后期低营养水平。

（5）高中型　育肥前期高营养水平，后期中营养水平。

正常情况下，均采用前 3 种类型，其中高高型营养水平育肥相当于育成牛的"持续育肥法"；中高型、低高型营养水平育肥相当于育成牛育肥的"前期多粗料育肥模式"。后两种类型只在特殊情况下才使用。

2. 管理状况

环境温度对肉牛育肥影响较大，以 7℃ 为界，温度低于 7℃ 时，牛体产热量增加，牛的采食量也增加。低温增加了牛体热的散失量，从而使维持需要的营养消耗增加，饲料报酬就会降低。因此，要使处于低温环境的牛保持较高的日增重，就必须增加营养供给。或采取措施提高牛舍内的温度，如搭建暖棚等。当环境温度高于 27℃ 时，会严重影响牛的消化活动，使食欲下降，采食量减少，消化率降低，随之而来的是增重下降。空气湿度也会影响牛的育肥，因为湿度会影响牛对温度的感受性，尤其是低温和高温条件下，高湿会加剧低温和高温对牛的危害。此外，圈舍卫生，经常刷拭牛体，驱虫防疫，催肥期限制运动，保持较暗、较安静的环境均有利于育肥。

（五）杂交

开展肉牛品种间的经济杂交，可充分利用杂种优势，提高肉牛生产能力。国外优良肉牛品种对当地品种的改良杂交，可提高我国肉牛良种化水平，亦可大幅度提高肉牛生产能力。

用良种肉牛精液和部分中低产乳用母牛繁殖乳肉牛，一是可以增加中低产乳用母牛的经济效益，二是有效解决肉用繁育母牛饲养成本高的问题，三是可以改善肉质。

引进优良兼用品种（如西门塔尔牛等），改良当地生产性能低下的品种，提高肉牛生产能力；开展肉用繁育母牛挤奶工作，降低犊牛培育成本。

第二节 肉牛的饲养管理

一、肉用犊牛的饲养管理

肉用犊牛在哺乳期的生长发育还不完全，尤其是肠胃功能发育不全，瘤胃内的微生物区还未形成，不具备消化功能，主要以吃母乳为主。随着月龄的增加，各项机能也逐渐完善。通过科学的饲养管理可以缩短这一过程，并可确保犊牛的健康，为今后的育肥打下基础。

（一）新生犊牛的处理

1. 分娩的基本知识

（1）分娩的发动 当怀孕期满胎儿发育成熟，机体就会发动分娩。分娩的发动是由胎儿及母体内分泌的变化、胎儿对母体的机械性神经性刺激和母体的免疫排斥反应等多种因素相互作用、彼此协调所促成的。由于个体、环境、营养等差异，预产期前后几天分娩都属正常。

（2）分娩的三要素　分娩过程顺利与否，取决于产力、产道和胎儿这3个因素。如果这3个因素正常或相互适应，分娩就能顺利进行；否则就需要人工干预。

产力，一是来自母体子宫收缩的力量（阵缩），是分娩的主要动力；二是来自母体腹壁肌和膈肌收缩的力量（努责），与阵缩协同对胎儿娩出起很大的作用。

（3）产犊过程的划分

① 子宫开口期（又称第一产程）。是从子宫开始阵缩到子宫颈充分开张为止。在开口期，母畜出现临产前的行为变化，如子宫颈管黏液塞开始软化，透明索状吊在阴门外，离群静卧或时起时卧、尾根抬起常作排尿姿势。如发生子宫扭转，子宫颈不能开张。观察不到位就会出现胎儿死亡气肿。

② 胎儿排出期（又称第二产程）。从子宫颈充分开张，胎囊及胎儿前置部分进入阴道，母畜开始努责，到胎儿完全排出为止。此时母畜一般侧卧，四肢伸直，强烈努责；当胎儿头部通过盆腔及阴门时，努责非常强烈并哞叫；助产绝大多数在此期间，因粗鲁操作、操作不当出现较多的问题。

③ 胎衣排出期（第三产程）。胎儿排出后努责停止，子宫肌继续收缩促进胎衣排出。如果母体继续有强烈努责，可能预示有双胎之一滞留，或预示将要发生子宫脱出，应采取适当措施。

2. 接产技术

（1）接产前准备　产房内所有接产物品、药品及器械配套。如缩宫素、止血药、抗菌药、静脉补液药及急救药品；消毒药，如碘酊棉、75%酒精棉、新洁尔灭、来苏尔等，长臂手套、产科链、石蜡油助产器、照明设备。

将出现产犊征兆（举尾、尿频、起卧不安、漏乳等）的牛及时转入产房，在产床上进行分娩。注意在转群之前发现浆泡或浆泡破裂的牛禁止转群。

（2）正常分娩　在巡查产房过程中登记浆泡出现时间，观察母牛体质情况，之后不间断地观察牛在每15分钟内的产犊进展，浆泡破裂后，如果胎儿正常时，三件（唇及二蹄）俱全，表明胎位胎式正常，此时只需给予关注，让其自然分娩，不必人工干预。

（3）不正常情况的助产处理　所谓不正常情况，是指在严密观察跟进的前提下，在预定的时间没有达到预定的产程。

出现不正常情况，应该及时进行检查，以确定胎儿及产道情况，再决定对策。

不正常情行的干预：①当母牛出现不安或反复起卧等临产征兆 4 小时后仍未见露泡；② 当露泡 1 小时仍不见胎蹄出现；③当胎蹄露出 1 小时仍不见大的进展；④母牛强力努责超过 30 分钟没有见胎蹄露出或努责时胎蹄露出，停止努责后又退缩回去；⑤仅一只胎蹄露出或两只露出阴门的胎蹄蹄底朝上（可能是倒生）。

3. 难产的助产

助产的目的是保全母子平安，避免母牛生殖器官与胎儿的损伤。

（1）助产原则　要根据难产原因确定助产方法，不能随便强拉或打针。胎位不正的要进行调整矫正，产力缺乏的可进行牵拉或注射催产素。

（2）助产步骤

① 消毒。当母牛即将分娩时，用绷带缠好尾根，拉向一侧系于颈部。再将阴门、肛门、尾根及后躯擦洗干净，用 0.1%高锰酸钾消毒。接产人员指甲剪短磨光，手臂消毒。

② 胎位矫正。随着母牛的阵缩，胎包和胎儿逐渐进入产道，待破水后应通过直肠或阴道来检查胎位，胎位不正者应及时调整。

头颈弯向一侧、两腿已伸出产道。如果胎小，产道润滑，扭转不严重时，可用手将其头扳正。反之，胎大，产道干燥，扭转严重，先将已伸出的两肢推回，同时将弯向一侧的头颈扳正。

头颈下弯，头颈弯于两前肢之间或侧面。将伸出产道的胎肢送回子宫，手沿着胎畜的腹侧深入，至胎畜嘴唇端时以手兜着胎畜嘴唇和下颌，用助产叉顶住胎畜的肩部将躯干顶进，将胎头拉出伸直，扳正胎头。

头向后仰或头颈扭转。如胎头稍偏，用手握住唇部将头拉正位即可。如胎头后仰或扭转严重，先将胎畜推进子宫，并进行矫正后，再以正位拉入产道。

前肢以腕关节屈曲伸向产道引起难产时，将胎畜推回子宫，术者手伸入产道，握住不正前肢的蹄子，尽力向上抬，再将蹄子拉入骨盆腔内，就可拉直前肢。

后肢姿势不正，多发于倒生胎畜的后腿髋关节屈曲，伸向前方，称坐生，此时，和前肢的矫正方法相同，矫正后要尽快强行拉出胎儿，拉出后，要倒控胎儿，使羊水从鼻孔和口腔排出。

③ 牵拉。若产程过长或产力不足，胎水已排出而胎头未露时，应及时牵拉。如一人牵拉有困难，可用产科绳套住胎畜的前肢或某一部位，助手帮助牵

拉。牵拉时要配合母牛努责的节律，来确定牵拉的力量、方向和时间，不能持续用猛力，以免损伤产道，胎儿臀部将要排出时，应慢用力，以防子宫脱出；头部通过阴门时，应用手护住阴唇，避免撑破撕裂。

④ 药物使用。产力不足者可配合注射催产素 8~10 毫升，必要时 20~30 分钟后可重复注射 1 次。产道不滑润的，可注入消毒过的石蜡油。

⑤ 胎儿护理。当胎儿唇部或头部露出阴门外时，如果上面覆盖着羊膜，可把它撕破，并把胎儿鼻孔内的黏液擦净，以利呼吸。

⑥ 果断措施。矫正胎位无望以及子宫颈狭窄、骨盆狭窄，拉出确有困难的，可实行剖腹产术或截胎术（弃子保母），胎畜已死的同样采取截胎术。

4. 助产后的护理

产后的母牛用 0.1% 高锰酸钾冲洗产道及阴户，还可用青霉素粉撒入产道，胎衣不下的要及时治疗。产后的母牛应尽快饮给 35~38℃ 的"麸皮盐钙"汤，饮足为止。

胎儿产出后，立即将其口鼻内的羊水擦干，身体上的羊水可让母牛舔干，这样母牛可因吃入羊水（内含催产素）而使子宫收缩加强，利于胎衣排出，并可增强母子关系。脐带未断的及时断脐，注意不要留得太长。一般距胎儿的腹壁 5~8 厘米处进行钝性剥离。断脐后将脐带在 5% 碘酒内浸泡片刻或在其外面涂以碘酒，如脐带有持续出血，须加以结扎。

胎儿产出后，应尽早吃上初乳，对暂时不能站的胎儿可进行人工挤奶，用犊牛专用大奶瓶实行人工哺乳。

5. 新生犊牛的护理

犊牛由母体产出后应立即做好如下工作：即清除犊牛口腔和鼻孔内的黏液，剪断脐带，擦干被毛，饲喂初乳。

（1）清除黏液 犊牛自母体产出后，应立即清除其口腔及鼻孔内的黏液，以免妨碍正常呼吸或者将黏液吸入气管及肺内导致疾病。首先要清除口鼻内黏液；至于躯体上的黏液，正常分娩时，母牛会立即舔舐，否则需要人工擦拭，以免犊牛受凉，尤其是在环境温度较低时，更应及时进行清理。母牛舔食犊牛身上的黏液，有助于犊牛呼吸，唾液中的溶菌酶还可预防疾病，而且黏液中的催产素可促进母牛子宫收缩，有利于排出胎衣和加强乳腺分泌活动。

若犊牛产出时将黏液吸入气管内，造成呼吸困难时，可握住犊牛的两后肢，将其提起，让犊牛头部向下，轻轻拍打犊牛胸部，迫使犊牛吐出黏液并开始自主呼吸。若一人操作有困难，可两人合作完成这个过程。也可用稻草搔挠小牛鼻孔或将冷水洒在小牛头部，以刺激其主动呼吸。

若犊牛产出时已无呼吸，但尚有心跳，说明处于"假死"状态，可在清除其口腔及鼻孔黏液后，将犊牛在地面摆成仰卧姿势，头侧转，按每 6~8 秒一次的节奏，按压与放松犊牛胸部，帮助进行人工呼吸，直至犊牛能自主呼吸为止。

（2）正确断脐　在清除犊牛口腔及鼻孔黏液以后，如其脐带尚未自然扯断，应进行人工断脐。方法是挤出脐带潴留的血液，在距离犊牛腹部 8~12 厘米处，两手卡紧脐带，往复揉搓脐带 1~2 分钟，然后，在揉搓处的远端，用消毒过的剪刀剪断脐带，挤出脐带中的黏液，并将脐带的残部放入 5% 的碘酊中浸泡 1 分钟进行消毒。

犊牛脐带在生后 1 周左右自然干燥脱落。犊牛出生 2 天后，应检查脐部情况，当发现不干燥并有炎症迹象时，可用碘酊消毒，不干且肿胀者，可确定为脐炎，应及时请兽医进行治疗。发生脐炎时，小牛表现沉郁，脐带区红肿并有触痛感。脐带感染能很快发展成败血症，若治疗不及时，常引起死亡，造成不应有的损失。

（3）编号、称重、标记　犊牛出生后应称出生重，对犊牛进行编号，对其毛色花片、外貌特征（有条件时可对犊牛进行拍照）、出生日期、谱系等情况作详细记录。

标记的方法有画花片、剪耳号、打耳标、颈环数字法、照相、冷冻烙号、剪毛及书写等数种，可根据养牛场实际情况选用。

（4）早喂初乳　犊牛出生后，要尽快让犊牛吃上初乳，这是保证犊牛成活率的关键措施。

初乳是母牛产犊后 5~7 天内所分泌的乳汁，颜色深黄，形状黏稠，成分和 7 天后所产常乳差别很大，尤其第一次初乳最重要。第一次初乳所含干物质是常乳的 2 倍，其中，维生素 A 是常乳的 8 倍，蛋白质是常乳的 3 倍。初乳中含有丰富的盐类，其中镁盐比常乳高 1 倍，使初乳具有轻泻性，犊牛吃进充足的初乳，有利于排出胎便。初乳酸度高，进入犊牛的消化道后，能抑制肠胃有害微生物的活动。另外，初乳中含有的溶菌酶和 K-抗原凝集素，也具有杀菌作用。初乳的这些特性和营养物质，是初生犊牛正常生长发育必不可少的，并且其他食物难以取代。

最为重要的是，初乳中含有大量免疫球蛋白，具有抑制和杀死多种病原微生物的功能，使犊牛获得最初的免疫力；而初生犊牛的小肠黏膜又能直接吸收这些免疫球蛋白，这种特性随着时间的推移而迅速减弱，大约在犊牛生后 36 小时即消失。研究证实，出生最初几个小时的犊牛，对初乳中免疫球蛋白的吸收率最高，平均达 20%（范围为 6%~45%），而后急速下降，生后 24 小时，犊牛就无法吸收完整的抗体。所以，犊牛应在出生后 1 小时内吃到初乳，而且越早越好，越充足越好。

出生 1 小时初乳的喂量应为 2 千克，12 小时内再喂 2 千克，以后可随犊牛食欲的增加而逐渐提高，出生的当天（生后 24 小时内），饲喂 3~4 次初乳，一般初乳日喂量为犊牛体重的 8%。从第 4 天开始，每天饲喂 4 千克，分 2 次饲喂。

所以，犊牛出生后，应尽量早喂初乳和多喂初乳。待前期的工作（如清除黏液、断脐、称重、编号、标记）完成后，只要能自行站立，就应引导犊牛接近母牛乳房寻食母乳。一般情况下，犊牛可以自行完成，若有困难，则需要进行人工辅助哺乳。如果母牛分娩后死亡，可以从其乳房中把初乳全部挤出，温热后（切不可超过 40℃）喂给犊牛。若因母牛患病或其他原因导致初乳不能喂用时，可用同期产犊的其他母牛作保姆，或按每千克常乳中加入 50 毫克新霉素（或等效其他抑菌素）、1 个鸡蛋、4 毫升鱼肝油，配成人工初乳代替，并喂 1 次蓖麻油（100 毫升）以代替初乳的轻泻作用。5 天以后，只维持每千克奶加入 35 毫克新霉素，直至犊牛生长发育正常为止（21~30 天）。人工初乳效果远不如天然初乳。

(二) 哺乳期犊牛的饲养

1. 饲喂初乳

初乳是指母牛在产犊后第一次挤出的牛奶，此后 7 天所产的奶为过渡期牛奶，以后的则为常乳。初乳对犊牛的意义重大，初乳中含有丰富的营养物质，尤其是免疫球蛋白，可使犊牛获得被动免疫，增加抵抗力。初乳的饲喂量要根据犊牛的初生重来确定，要尽早的让初生犊牛吃上初乳，一般以犊牛在出生后 1 小时内饲喂 2.25~2.5 千克的初乳，在出生后 6~8 小时再喂 2.25~2.5 千克的初乳。饲喂方法是使用插有胃导管的奶瓶进行强制饲喂，这种饲喂方法可保证犊牛摄入充足的初乳，对健康有益。对于泌乳性能好的母牛，初乳吃不完时可将其挤出进行冷冻保存，在其他母牛无奶的情况下给其产下的犊牛食用。

2. 饲喂常乳

犊牛在刚出生后肠胃结构和功能的发育还不完全，唯一具有消化功能的胃是皱胃，此时消化系统的功能与单胃动物相似，因此在出生后 4 周左右的时间以吃母乳为主。常乳的饲喂方法主要有随母哺乳、人工哺乳。随母哺乳是指犊牛在出生后与母牛在一起一直到断奶。目前规模化肉牛养殖场多使用人工哺乳的方法，这样可控制犊牛的采食量，便于管理。犊牛在饲喂完初乳后即可进行吃常乳的阶段，般在 30~40 日龄以内都以吃常乳为主，饲喂量占体重的 8%~20%，每天的饲喂次数为 3 次，饲喂时要注意避免饲喂过量，否则会导致多余的牛奶返流到不具备消化功能的瘤胃而引起消化系统紊乱，引起腹泻或者其他方面的健康问题。饲喂常乳的方法可以使用带有奶嘴的奶瓶，或者直接使用奶桶。要注意喂奶时要严格的消毒。饲喂时还要注意控制好牛奶的温度，犊牛在出生后的前几周对牛奶温度的要求较高，如果犊牛饮用冷牛奶易引发腹泻，所以在犊牛出生后的第 1 周，饲喂牛奶的温度最好与体温相近，对于日龄稍大的犊牛饲喂的温度则可以低于体温。

3. 及时补饲，开食料的饲喂

尽早让犊牛采食饲料，及时的初饲可以使犊牛的肠胃功能得到锻炼，促进肠胃结构和功能的发育，并且随着犊牛日龄的增加，母乳的营养已无法完全满足犊牛的营养需求，此时需要从饲料中获取营养。此外，及时的补饲还有利于早期断奶。因此可从犊牛 7~10 日龄即可开始训练其采食干草，将干草置于草架上，让犊牛自由采食。从犊牛 7 日龄时开始训练其采食精料，可在犊牛即将饮完的奶桶内加入开食料，或者在喂完奶后将精料涂抹在犊牛的口鼻处诱其舔食，待犊牛适应饲料后，可逐渐的增加喂料量。注意补饲饲料的质量，不可以饲喂犊牛过多的青贮料，也不宜饲喂粗纤维含量较高的秸秆类粗饲料，否则易导致犊牛消化不良。

在犊牛初饲的过程中要提供充足的饮水。以确保犊牛正常的新陈代谢。最初，要给犊牛提供温水，一般 10 日龄内犊牛的饮水温度为 36~37℃温开水，在 10 日龄以后则可以饮用常温水，但是水温不可低于 15℃。要注意饮用水的清洁卫生，不可让犊牛饮用冰水以及受到污染的水。

（三）哺乳期犊牛的管理

1. 去角

犊牛去角的好处，一是便于统一管理，二是防止成年后相互攻击造成损伤。去角的适宜时间是生后 7~10 天，此时，牛角生长不完善，容易去除。牛犊具有一定的抵抗能力，去角一般不会产生疾病。

常用的去角方法有电烙法和固体苛性钠法 2 种。

（1）电烙法 需要使用 200~300 瓦的电烙器。将电烙器的烙头砸扁，使其宽度刚好与牛角生长点相称，加热到一定温度，牢牢地压在牛角基部，直到其下部组织烧灼成白色为止。烧烙时间不宜太长，以防烧伤下层组织。烙完后，涂以青霉素软膏或硼酸粉。随母哺乳的犊牛，最好采用电烙法去角。

（2）苛性钠法 在牛角刚鼓出但未硬时进行操作，并且需要在晴天且哺乳后进行。具体方法是：先剪去牛角基部的被毛，再用凡士林涂一圈，防止苛性钠药液流出伤及头部和眼部，然后用棒状苛性钠沾水涂擦牛角基部，直到表皮有微量血渗出为止。

用苛性钠处理完后，要将犊牛单独拴系，以免其他犊牛舔食伤处腐蚀口舌造成伤害；也能避免犊牛感觉不舒服磨擦伤处，那样会增加渗出液、延缓痊愈期。同时，还要防止犊牛淋雨，以免雨水将苛性钠冲入犊牛眼中。苛性钠去角后，伤口一般需要1~3天才能变干，在伤口未变干前，不宜让犊牛吃奶，以免腐蚀母牛乳房皮肤。

夏季蚊蝇多，犊牛去角后，要经常进行检查，若发现去角处化脓，初期可用双氧水冲洗，再涂以碘酊；若已出现由耳根到面部肿胀的症状，须进一步采取消炎措施。

2. 编号

给肉牛编号便于管理。将编号记录于档案之中，以利于育种工作的进行。

养牛数量较少时，可以给每头牛命名，从牛毛色和外形的差异上，可以把牛清楚地区分开来。但养牛数量多时，想清楚地把牛区分开，可能就比较困难了。所以，将编号可靠地显示在牛的身上（也称为打号），就是一个简便易行且十分有效的区分办法。给肉牛编号，最常用的方法，是按肉牛的出生年份、牛场代号和该牛出生的顺序号等进行编号。习惯上，将头两个号码确定为出生年，第3位号码代表分场号，以后为顺序号，例如981103，表示98年出生、1分场、第103号牛。有些编号方法，是在数码之前还列字母代号，表示性别、品种等。各养牛场可根据本场实际，确定适合本场的编号原则。

生产上常用的打号方法有剪耳法、金属耳标法、塑料耳标法、热烙打号法、冷冻打号法等多种。

（1）剪耳法　用剪号钳在牛的耳朵不同部位剪上豁口，以表示牛的编号。小型牛场可采用此法。剪耳法宜在犊牛断奶之前进行。剪口要避开大血管，以减少流血。剪后用5%碘酒处理伤口。剪耳编号的原则是：左大右小，下1上3，公单母双。剪耳编号标识比较容易，缺点是容纳数码位数少，远处难看清，外观上也不美观。

（2）金属耳标法　通常用合金铝冲压成阴阳两片耳标，用数字钢錾在阴阳两片外侧面分别打上牛的编号，然后把阴片中心管穿过牛耳朵下半部毛发较稀、无大血管之处，阳片在耳朵另一侧，把中心管插入对侧穿过来的阴片中心管中，再用专用耳号钳端凸起夹住两侧耳标中心孔用力挤压，使阴阳两片中心管口撑大变形加以固定。手术处需要用5%的碘酒消毒。此法美观、经济，但金属耳标面积小，如果不抓住牛仔细辨认，就很难看清编号。

（3）塑料耳标法　用耐老化、耐有机溶剂的塑料，制成软的耳标，用塑料染色笔把牛的编号写到耳标正面，然后，把耳标拴在牛耳下侧血管稀少处，穿透牛耳穿过耳标孔，把耳标卡住。此法由于塑料可制成不同色彩，使其标志更加鲜明，并可利用不同颜色代表一定内容。由于耳标面积较大，所以数码字也较大，标识比较清晰，即使距离 2 米也能看清，故此法使用较广，但缺点是放牧时易丢失，所以要及时检查，一旦发现丢失应及时补挂。

（4）热烙打号法　在犊牛阶段（近 6 月龄时），将犊牛绑定牢靠，把烧热的号码铁按在犊牛尻部，烫焦皮肤，痊愈后，烫焦处会留下不长毛的号码。使用这种方法，热烙打号时肉牛很痛苦，会极力挣扎，从而影响操作，常会将皮肤烫成一片焦灼而不显字迹；同时，若烫后感染发炎，也会使字迹模糊不好辨认。但此法也有优点，那就是编号能终身存在于肉牛体表，字体随肉牛生长而变大，几米以外均可看清，并且成本低，所以，生产上使用较多。

（5）冷冻打号法　冷冻打号法是以液态氮将铜制号码降温到−197℃，让犊牛侧卧，把计划打号处（通常在体侧或臀部平坦处）尽量用刷子清理干净，用酒精湿润后，把已降温的字码按压在该处。冷冻打号时，肉牛不感到痛苦，容易获得清晰的字迹。缺点是操作烦琐，成本较高。

3. 分栏分群

肉用犊牛大都随母哺乳，一般不需要分群管理。少数来源于乳牛场淘汰的公犊，在采用人工哺乳方法时，应按年龄分群分栏饲养，以便喂奶与补饲管理。

4. 防暑防寒

冬季天气严寒、风大，特别是在我国北方地区，恶劣的气候条件对肉牛影响很大，要注意人工饲喂犊牛舍的保暖，防止穿堂风。若是水泥或砖石地面，应多铺垫麦秸、锯末等较为松软的垫料，舍温不可低于 0℃（没有穿堂风，可不低于−5℃），防止冻伤。夏季炎热季节，运动场内应有凉棚等防暑设置，让肉牛乘凉休息，防止发生中暑。

5. 刷拭

犊牛基本上在舍内饲养，其皮肤易被粪便及尘土所黏附，形成脏污不堪的皮垢，这样不仅降低皮毛的保温与散热能力，也会使皮肤血液循环受阻，容易患病。所以，刷拭牛体很有必要。每日应至少刷拭 1 次牛体，保持犊牛身体干净清洁。

6. 运动

运动对促进犊牛的采食量和健康发育都很重要。随母哺乳的犊牛，3 周龄后，可安排跟随母牛放牧。人工哺乳的犊牛，应安排适当的运动场。犊牛从生后8~10日龄起，即可开始在犊牛舍外的运动场做短时间的自由运动，以后逐渐延长运动时间。如果犊牛出生在温暖的季节，开始运动日龄还可早些。活动时间的长短，应根据气候及犊牛日龄来掌握，冬天气温低的地方及雨天，不要使1月龄以下的幼犊到室外活动，防止受寒后应激发生疾病。

7. 消毒防疫

要及时打扫牛舍，保持舍内清洁卫生。犊牛舍或犊牛栏要定期进行消毒，可用2%火碱溶液进行喷洒，同时用高锰酸钾液冲洗饲槽、水槽及饲喂工具。对于犊牛，还应根据当地疫病特点，及时进行防疫注射，防止发生传染性疾病。

8. 建立档案

后备母犊应建立档案，记录其系谱、生长发育情况（体尺、体重）、防疫及疫病治疗情况等。

二、育成母牛的饲养管理

（一）育成母牛的饲养

在不同年龄阶段，育成母牛的生理变化与营养需求不同。断奶至周岁的育成母牛，逐渐达到生理上的最高生长速度，而且在断奶后，幼牛的前胃相当发达，只要给予良好的饲养条件，即可获得理想的日增重。

1. 饲料搭配

在组织育成母牛日粮时，宜采用较好的粗料与精料搭配饲喂。粗料可占日粮总营养价值的50%~60%，混合精料占40%~50%，到周岁时，粗料逐渐加到70%~80%，精料降至20%~30%。

用青草作粗料时，采食量折合成干物质增加20%。在放牧季节，可少喂精料、多食青草。舍饲期中，应多用干草、青贮和根茎类饲料，干草喂量（按干物质计算）为体重的1.2%~2.5%。青贮和根茎类饲料，可代替干草量的50%。

不同的粗料，要求搭配的精料质量也不同。用豆科干草作粗料时，精料需含8%~10%的粗蛋白质；若用禾本科干草作粗料，精料蛋白质含量应为10%~12%；用青贮作粗饲料，精料应含12%~14%的粗蛋白质；以秸秆为粗料，要求精料蛋白质水平更高，应该达到16%~20%。

1周岁以上的育成母牛，消化器官的发育已接近成熟，消化力与成年牛相似，饲养粗放一些，能促进消化器官的机能。至初配前，粗料可占日粮总营养价值的85%~90%。如果吃到足够的优质粗料，一般都能满足营养需要；如果粗料品质较差，要补喂一些精料。在此阶段，由于母牛运动量加大，所需营养也加大，配种后至预产前 3~4 个月，为满足胚胎发育及营养贮备的需要，可适当增加精料喂量；与此同时，日粮中还须注意补充矿物质和维生素 A，以免影响胎儿发育，防止造成产后胎衣不下。

2. 放牧饲养

无论对任何品种的育成牛，放牧均是首选的饲养方式，养牛场应根据当地青绿饲料的特点，对育成牛群进行放牧饲养。放牧有如下好处。

（1）有利于获得多种营养　育成牛放牧饲养，可以让牛吃到多种多样的野生天然饲草，既能增进食欲，促进瘤胃消化功能进一步完善，又有利于满足肉牛对各种营养物质的需要。放牧饲养还能在一定程度上改善牛肉的风味，有利于提升产品质量。

（2）有利于保持体质健壮　育成牛野外放牧，牛群运动充足，有利于增强体质，特别是能够减少消化系统疾病和肢蹄病的发生；野外环境空气新鲜、光照充足，有利于牛群保健。另外，野外放牧可以进行充足的日光浴，这会使肉牛皮肤中的 7-脱氢胆固醇转化成为维生素 D，促进钙的吸收和利用，促进骨骼钙化和肉牛生长发育。

（3）有利于降低饲养成本　育成牛野外放牧，既利用了营养丰富、优质廉价的各种天然饲草，又节省了劳力资本和精料、粗料的资金投入，从而可以达到降低饲养成本、提高经济效益的目的。这是育成牛放牧饲养的基本目标。

放牧注意事项如下。

（1）按性别组群放牧　育成牛放牧饲养具有多种优势，因此，除冬季严寒、枯草期缺乏饲草的地区外，其他合适的区域和季节均应放牧饲养。6 月龄以后的育成牛，必须按性别分别组群放牧。分群放牧的主要目的，是避免野交杂配和小母牛过早配种。野交乱配会出现近亲交配现象，或者与无种用价值的小牛交配，导致肉牛后代体质和生产性能退化。同时，若母牛过早交配，还会影响其正常的生长发育，使肉牛成年时达不到应有的体重标准，影响产品性能指标，而其所生育的犊牛也会先天不足、生产能力低下。这些无疑都会给肉牛生产造成不必要的损失。

放牧牛群的组成数量，要因地制宜。水草丰盛的草原地区，可选择 100~200 头肉牛组成一群，农区、山区资源相对不足，又加上放牧区域地形复杂，不容易管理较大的牛群，可选择 50 头左右的肉牛组成一群。群大效益高，能节省劳动力、提高生产效率、增加经济效益，但管理难度相对较大，管理者需要有丰富的经验。群小好管理，在产草量低的情况下，仍能维持适合于牛群特点的放牧行走速度，牛群生长发育比较一致。

若牛群数量较小，没有条件将公母分群，可对部分育成公牛作副睾切割手术（相当于输精管切割，需要专业兽医操作），这样做，可以在保留睾丸并维持其分泌性激素生理功能的前提下，避免随机交配产生的意外受孕现象。在合理的营养条件下，公牛的增重速度、饲料转化效率、胴体瘦肉率等，均明显高于阉牛，另外，公牛肉的滋味和香味也比阉牛好一些。因此，饲养公牛生产牛肉，成本低、收益高、效果好。

（2）放牧后补饲　放牧青草能让育成牛吃饱时，日增重大多能达到400～500克，在这种情况下，肉牛回圈舍后，可不必另行补饲干草或精料。但在春季牧草返青或初冬牧草枯萎时，牧草量少、营养不足且适口性差，放牧牛群必须每天补饲干草或精料（补饲量及配方见表2-2-1、表2-2-2）。补饲时机应选在牛群回圈休息一段时间之后，一般在夜间补饲为好。如果回圈后立即补饲，往往会使牛群养成回圈路上拥挤奔跑的习惯，这样会使牛群体力消耗过大，从而影响增重效果。另外，夜间补饲不会降低白天放牧采食量，有利于充分利用野生牧草资源。

表2-2-1　育成牛日补料量　　　　　　　　　　（千克）

饲养条件		肉用品种及改良牛	
		大型牛	小型牛（包括非良种牛）
放牧	春天开牧头15天	0.5	0.3
	16天到当年青草季	0	0
	枯草季	1.2	1.0
舍饲	粗料为青草	0	0
	粗料为青贮	0.5	0.4
	氨化秸秆、野青草、黄贮、玉米秸	1.2	0.8
	粗料为麦秸、稻草	1.7	1.5

表2-2-2　育成牛精料配方　　　　　　　　　（%）

玉米	高粱	棉仁饼	菜籽饼	胡麻饼	糠麸	食盐	石粉	适用范围
67	10	2	8	0	10	2	1	放牧青草，饲喂氨化秸秆等日粮
62	5	12	8	0	10	1.5	1.5	饲喂青贮等日粮
52	5	12	8	10	10	1.5	1.5	放牧枯草，饲喂玉米秸秆等日粮

注：以秸秆、氨化秸秆等为主日粮时，每千克精料中应加入8 000～10 000国际单位维生素A。

肉牛饲料中需要添加食盐及其他矿物元素，这些添加物要准确配合在饲料中，保证让每头牛每天都能食入合适的矿物剂量。矿物元素不能集中饲喂，尤其是铜、硒、碘、锌等微量元素，日常所需剂量很小，饲料中添加剂量稍大便会引起中毒，甚至导致死亡，而在缺乏时，则明显影响肉牛的生长发育。常用的矿物添加制剂，主要产品形式是舔砖。最普通的舔砖只含有食盐，可让肉牛自行舔食，肉牛感觉满足需要后即可停止舔食，一般不会引起中毒。功能较全的舔砖，除食盐外，还含有各种矿物元素，虽然营养全面，但在使用时，应注意微量元素种类和含量是否适合当地土壤和水源的特点，不能盲目采购、胡乱使用。还有含尿素、双缩脲等增加非蛋白氮的特种舔砖，也可根据实际情况合理选用。舔砖外形方圆不等，每块重5~10千克，一般放置在肉牛喝水和休息的地方，肉牛即可自行舔食。

（3）注意时间安排　放牧并非一年四季都可进行，要注意选择合适的时间。冬天气候寒冷，不宜放牧，最好采取舍饲的方法，以秸秆为主，稍加精料，以维持牛群健康的体质和较好的日增重。春天牧草刚返青时，尽量不要放牧，以免肉牛"跑青"造成体力透支而影响增重。另外，刚返青的牧草不耐践踏和啃咬，过早放牧会加快草地退化，不但影响当年的产草量，还会影响草场以后的产草量，不利于草场的可持续发展。一般情况下，在牧草平均生长到超过10厘米时，即可开始放牧。最初放牧15天，通过逐渐增加放牧时间和放牧范围，让肉牛慢慢适应，如果不加限制，肉牛突然大量采食青草，往往会发生臌胀、水泻等疾病，严重影响体质健康和日增重。每次放牧的时间，视牛群采食情况而定，夏季应早出晚归，避开炎热的中午，避免牛群在烈日下长时间暴晒。

（4）注意补充矿物质　放牧青草能让育成牛吃饱时，日增重大多能达到400~500克，在这种情况下，肉牛回圈舍后，可不必另行补饲干草或精料。但在春季牧草返青或初冬牧草枯萎时，牧草量少、营养不足且适口性差，放牧牛群必须每天补饲干草或精料。补饲时机应选在牛群回圈休息一段时间之后，一般在夜间补饲为好。如果回圈后立即补饲，往往会使牛群养成回圈路上拥挤奔跑的习惯，这样会使牛群体力消耗过大，从而影响增重效果。另外，夜间补饲不会降低白天放牧采食量，有利于充分利用野生牧草资源。

肉牛饲料中需要添加食盐及其他矿物元素，这些添加物要准确配合在饲料中，保证让每头牛每天都能食入合适的矿物剂量。矿物元素不能集中饲喂，尤其是铜、硒、碘、锌等微量元素，日常所需剂量很小，饲料中添加剂量稍大便会引起中毒，甚至导致死亡，而在缺乏时，则明显影响肉牛的生长发育。常用的矿物添加制剂，主要产品形式是舔砖。最普通的舔砖只含有食盐，可让肉牛自行舔食，肉牛感觉满足需要后即可停止舔食，一般不会引起中毒。功能较全的舔砖，除食盐外，还含有各种矿物元素，虽然营养全面，但在使用时，应注意微量元素种类和含量是否适合当地土壤和水源的特点，不能盲目采购、胡乱使用。还有含尿素、双缩脲等增加非蛋白氮的特种舔砖，也可根据实际情况合理选用。舔砖外形方圆不等，每块重5~10千克，一般放置在肉牛喝水和休息的地方，肉牛即可自行舔食。

（5）供给充足饮水　水是牛体组织的重要组成部分，犊牛体内含水量高达70%，成年牛体内含水量也达50%以上。清洁的饮水，对肉牛十分重要，缺水不但影响饲料的消化和营养物质的吸收，还会引起瓣胃阻塞，甚至导致肉牛死亡。肉牛体格高大，每日需水量较多，按成年牛计算（6个月以下犊牛相当于0.2头成年牛，6个月至2岁半小牛相当于0.5头成年牛），每头牛每天需喝水10~50千克。

肉牛每日饮水量，与气候、饲料组成等因素密切相关，吃青草时饮水较少，吃干草、枯草、秸秆时饮水相对较多，采食高蛋白、高能量、矿物质丰富的日粮时，需水量较平时增加22%~100%；夏天饮水多，冬天饮水少，气温在10℃以下，每采食1千克干物质需要3.1~3.5千克水，而在27℃以上的环境条件下，每采食1千克干物质则需要5.5千克水。放牧肉牛，要重视解决饮水问题，只有饮水充足，才能让肉牛吃得饱长得好。饮水地点距放牧地点要近些，最好不要超过5千米，水质要符合卫生标准。每天让肉牛饮水2~3次。若放牧地没有泉水、溪水等可靠的水源，也可修筑蓄水池，以利于积蓄雨水供肉牛饮用。

（6）选好放牧地　放牧地的临时牛圈，要选在高旷、易排水、坡度小（2%~5%）的地方，夏天有阴凉之处，春秋应背风、向阳、暖和，不得选在悬崖边、山崖下、雷击区、河流边、低洼处或坡度过大处。1周岁之前的育成牛、带犊母牛、妊娠最后两个月的母牛以及瘦弱的肉牛，可在牧草较丰盛、地区较平坦、离临时牛圈较近的区域放牧，尽量不要让其走远路。为减少牧草浪费和提高草地（山坡）载畜量，可分区轮牧，每年都留出一部分地段，让其在秋季处于休牧状态，让优良牧草有开花结籽、扩大繁殖的机会。若有其他家畜同时在区域内放牧，为减少牧草浪费，可采取先牧马、再牧牛、后牧羊的次序进行放牧。

（7）组群合适　放牧牛群的组成数量，要因地制宜。水草丰盛的草原地区，可选100~200头牛组成一群，农区、山区，可选50头左右的牛组成一群。群大可节省劳动力、提高生产效率、增加经济效益，但管理难度相对较大，管理者需要有丰富的经验。群小好管理，在产草量低的情况下，仍能维持适合于牛群特点的放牧行走速度，牛群生长发育比较一致。

3. 舍内饲养

舍饲可分为小围栏饲养、定时拴系饲养、大群散放饲养等几种形式。

（1）小围栏饲养 每栏 10~20 头牛不等，平均每头牛占 7~10 米^2。栏杆处设置饲槽和水槽，定时饲喂草料、自由饮水。利用牛群的竞食性，使采食量提高，可获得群体较好的平均日增重，但个体间不均匀，饲草浪费大。

（2）定时拴系饲养 我国采用最广泛的方法。此法可针对个体情况来调节日粮，使生长发育均匀，节省饲草，但劳动力和厩舍设施投入较大。

（3）大群散放饲养 全天自由采食粗料，定时补精料，自由饮水。此法与小围栏相似，但由于全天自由采食粗料，使饲养效果更好，省人工，便于机械化，但饲草浪费更大。我国很少采用此法。

舍饲牛上下槽要准时，如果随意更动上下槽时间，会使牛群的采食量下降，饲料转化率降低。每日 3 次上槽效果较 2 次好。

（二）育成母牛的管理

1. 分群

育成母牛最好在 6 月龄时分群饲养。公母分群，即将育成母牛与育成公牛分开，同时应以育成母牛年龄为标准，分阶段进行饲养管理。

2. 定槽

圈养拴系式管理的牛群，定槽是必不可少的管理措施，只有这样，才能使每头牛都有自己的牛床和食槽。

3. 刷拭

肉牛新陈代谢旺盛，主要通过毛孔、皮肤散发热量，又加上皮肤分泌物较多，因此，刷拭牛体很有必要。刷拭牛体既能清除体表污垢和寄生虫，保证皮肤毛孔不受堵塞、不受侵害，还能增加皮肤血液循环，保持皮肤健康。同时，每天定时刷拭皮肤，还能及时发现创伤，采取必要的处置措施。舍饲牛群每天应刷拭 1~2 次，每次 3~5 分钟。要细心刷拭牛体的每一个部位，刷下的毛发应收集起来，不能让牛舔食，刷下的灰尘不能落入饲料内。

4. 转群

育成母牛在不同生长发育阶段，生长强度不同，应根据年龄、发育情况合理分群，并按时转群，一般在 12 月龄、18 月龄、定胎后或至少分娩前两个月共 3 次转群。转群前，结合称重与体尺测量，淘汰生长发育不良的个体，剩下的转群。最后一次转群，是育成母牛走向成年母牛的标志。

5. 初配

在 18 月龄左右，可根据生长发育情况，决定育成母牛是否接受配种。配种前一个月，应注意育成母牛的发情日期，以便在以后的 1~2 个情期内进行配种。放牧牛群发情有季节性，一般春夏季节发情（4—8 月份），生产上要注意观察，当母牛生长发育达到适配时间（体重达到品种平均的 70%），应予以配种。

6. 防疫

春秋季节进行驱虫，并按期进行检疫和防疫注射。放牧的肉牛，最容易感染肝片吸虫、姜片吸虫、绦虫等寄生虫病，必须在放牧开始前和结束后，分别进行一次驱虫。

7. 防暑防寒

在建筑牛舍时，就应根据当地气候特点，考虑防暑防寒问题，同时，还应有计划地搞好场区绿化，为夏季防暑做好准备。在气温达到 30℃时，应考虑搭凉棚或遮阴网等措施进行防暑。在北方地区则主要考虑防寒问题。整体来看，防暑重于防寒。

三、繁殖母牛饲养管理

牛群繁殖母牛按照生理状况分为妊娠母牛、泌乳母牛和空怀母牛。生产上，要根据各阶段母牛的生理特点和营养需要，合理进行饲养与管理。

（一）妊娠母牛饲养管理

处于妊娠阶段的母牛，不仅本身生长发育需要营养，满足胎儿生长发育也需要大量营养，同时，还要为产后泌乳进行营养蓄积。所以，加强妊娠期母牛的饲养管理，保证充足的营养供给，使其能正常产犊和哺乳，意义重大。妊娠母牛饲养管理的重点，在于保持适宜的体况、做好保胎工作。

1. 妊娠母牛的饲养

（1）妊娠前期　是指母牛从受胎到怀孕 26 周这段时间。母牛妊娠初期，由于胎儿生长发育较慢，其营养需求相对较少，一般按空怀母牛进行饲养即可，可以优质青粗饲料为主，适当搭配少量精料补充料。但这并不意味着妊娠前期可以忽视营养物质的供给，若胚胎期胎儿生长发育不良，出生后就难以补偿，不但增重速度减慢，而且饲养成本增加。对怀孕母牛，只要保持中上等膘情即可，如果怀孕母牛过肥，也会影响胎儿的正常发育。

① 放牧。妊娠前期的母牛，如果是在青草的季节，应尽量延长放牧时间，

一般可不补饲；若是在枯草季节，则应根据牧草质量和牛的营养需要，确定补饲草料的种类和数量。孕牛如果长期吃不到青草，维生素 A 缺乏，可用胡萝卜或维生素 A 添加剂来补充，冬季每头每天喂 0.5~1 千克胡萝卜，另外应补足蛋白质、能量及矿物质。精料补加量每头每天 0.8~1.1 千克，精料配比，玉米占 50%、糠麸占 10%、油饼粕占 30%、高粱占 7%、石粉占 2%、食盐占 1%，每千克饲料中另加维生素 A 10 000 国际单位。

② 舍饲。妊娠期舍饲时，应以青粗料为主，参照饲养标准，合理搭配精饲料。以蛋白质含量较低的玉米秸、麦秸等秸秆饲料为主时，要搭配 1/3~1/2 的优质豆科牧草，再补加饼粕类饲料。没有优质牧草时，每千克补充精料加 15 000~20 000 单位维生素 A。每昼夜可饲喂 3 次，每次喂量不可过多。采取自由饮水方式，水温应不低于 10℃，严禁饮过冷的水。

（2）妊娠后期　妊娠后期一般指怀孕 27 周到分娩这段时间。此阶段主要以青粗饲料为主，适当搭配少量精料补充料。母牛妊娠最后 3 个月，是胎儿增重最多的时期，这段时间的增重，占犊牛初生重的 70%~80%，胎儿需要从母体吸收大量营养，才能完成发育过程，所以，母牛怀孕后期，营养供应必须充足。同时，产后的泌乳也需要孕期沉积营养，一般在母牛分娩前，至少要增重 45~70 千克，才能保证产犊后的正常泌乳与发情。因此，从妊娠第 5 个月起，就应加强饲养，对中等体重的妊娠母牛，除供给平常日粮外，每日需补加 1.5 千克精料，妊娠最后两个月，每天应补加 2 千克精料。需要注意的是，万万不可将妊娠母牛喂得过肥，否则，会影响正常分娩，甚至导致难产。

① 放牧。除了临近产期的母牛，其他母牛均可放牧饲养，放牧不但有利于采食营养丰富的牧草，保证母牛营养全面，同时，还有利于新陈代谢，有利于顺利生产。临近产期的母牛行动不便，放牧易发生意外，最好改为留圈饲养，并给予适当照顾，给予营养丰富、易消化的草料。

② 舍饲。舍饲的怀孕母牛，应以青粗料为主，合理搭配精饲料。妊娠后期，禁喂棉籽饼、菜籽饼、酒糟等饲料，严禁饲喂变质、腐败、冰冻的饲料，以防引起流产。饲喂次数可增加到每天 4 次，但每次喂量不可过多。自由饮水，水温不低于 10℃。

2. 妊娠母牛的管理

（1）定槽饲养　除放牧母牛外，一般舍饲母牛配种受胎后即应专槽饲养，以免与其他牛抢槽、抵撞，造成损伤、导致流产。

（2）打扫卫生　每日坚持打扫圈舍，保持妊娠母牛圈舍清洁卫生，对圈舍及饲喂用具要定期消毒。

（3）刷拭牛体　每天至少1次，每次5分钟，以保持牛体卫生。

（4）适当运动　妊娠母牛要适当运动，以增强母牛体质、促进胎儿生长发育，还可防止难产。妊娠后期2个月，可适当牵遛孕牛走上、下坡道路，这种运动方式可以促使胎位正常。

（5）料水合适　保证饲料、饮水清洁卫生，不喂冰冻、发霉的饲料，不饮脏水、冰水。要做到"三不"饮水，即清晨不饮、空腹不饮、出汗后不急饮。

（6）注意观察　平时就应注意观察妊娠母牛，妊娠后期的母牛，尤其更应给予过多关照，一旦发现临产征兆，就要估计分娩时间，及时准备接产工作，认真作好产犊记录。

（7）及时接产　产前15天，将母牛转入产房，自由活动。母牛分娩时，应左侧位卧倒，用0.1%高锰酸钾清洗外阴部，出现异常则进行助产。

（二）泌乳母牛饲养管理

1. 分娩护理

临近产期的母牛行动不便，应停止放牧和使役。这期间，母牛消化器官受到日益庞大的胎胞挤压，有效容量减少，胃肠正常蠕动受到影响，消化力下降，应给予营养丰富、品质优良、易于消化的饲料。产前半个月，最好将母牛移入产房，由专人饲养和看护，并准备接产工作。

正常分娩母牛可将胎儿顺利产出，不需人工辅助，对初产母牛、胎位异常及分娩过程较长的母牛，要及时进行助产，以保母牛及胎儿安全。

母牛产犊后应喂给温水，在水中加入一小撮盐（10~20克）和一把麸皮，以提高水的滋味，诱使母牛多饮，防止母牛分娩时体内损失大量水分腹内压突然下降、血液集中到内脏而产生"临时性贫血"。

母牛产后易发生胎衣不下、食滞、乳房炎和产褥热等症，应经常观察，发现病牛，及时请兽医治疗。

2. 舍饲泌乳母牛的饲养管理

母牛分娩前一个月和产后70天，这是非常关键的100天，饲养得好坏，对母牛的分娩、泌乳、产后发情、配种受胎、犊牛的初生重和断奶重、犊牛的健康和正常发育等，都十分重要。在这个阶段，热能需要量增加，蛋白质、矿物质、维生素需要量均增加，缺乏这些物质，会引起犊牛生长停滞、下痢、肺炎和佝偻病等，严重时还会损害母牛健康。

分娩后的最初几天，母牛身体尚处于恢复阶段，此时食欲不好，消化失调，应限制精料及块根、块茎类料的喂量。如果此期饲养过于丰富，特别是精饲料喂量过多，易加重乳房水肿或发炎，有时钙磷代谢失调发生乳热症等。这种情况在高产母牛比较常见。所以，对产犊后的母牛，应进行适度饲养。

如果母牛体质较弱，则产后 3 天内只喂优质干草，4 天后可喂适量精饲料和多汁饲料，根据乳房及消化系统的恢复状况，逐渐增加给料量，但每天增加料量不超过 1 千克。待乳房水肿完全消失后，即产后 6~7 天，可增至正常量。要注意各种营养平衡搭配。

如果母牛产后乳房没有水肿，体质健康、粪便正常，在产犊后第一天，就可喂给多汁饲料，到 6~7 天时，便可增加到足够的喂量。

据试验，泌乳母牛每日饲喂 3 次，日粮营养物质消化率比 2 次高 3.4%，但 2 次饲喂可降低劳动消耗。有人提议每天饲喂 4 次，生产中一般以日喂 3 次为宜。

需要特别注意的是，变换饲料时不宜太突然，一般应有 7~10 天的过渡期；饲料要清洁卫生，不喂发霉、腐败、含有残余农药的饲料，注意清除混入草料中的金属、玻璃、农膜、塑料袋等异物。

每天刷拭牛体，清扫圈舍，保持圈舍、牛体卫生。夏防暑、冬防寒。拴系缰绳长短适中。

3. 放牧带犊母牛的饲养管理

有放牧条件的地区，对泌乳母牛应以放牧饲养为主。青绿饲料中含有丰富的粗蛋白质、各种维生素、酶和微量元素，放牧期间，充足的运动、经常的阳光浴及牧草中丰富的营养，可促进母牛新陈代谢、改善繁殖机能、提高泌乳量，增强母牛和犊牛的健康。经过放牧，母牛体内血液中血红素含量增加，机体内胡萝卜素和维生素 D 贮备充足，可明显提高抗病力。

但考虑到母牛的运动量和犊牛的适应能力，放牧带犊母牛时，应尽量选择近牧，同时，参考放牧距离及牧草情况，在夜间适当进行补饲。

一般情况下，放牧地最远不宜超过 3 千米，放牧地距水源要近；建立临时牛圈时，应避开水道、悬崖边、低洼地和坡下等处；放牧前或放牧时，注意清除牧地中的有毒植物；放牧人员要随身携带蛇药和少量的常用外科药品，一旦发生意外，能有效应对；母牛从舍饲到放牧，要逐步进行，一般需 7~8 天的过渡期；放牧牛要及时补充食盐，但不能集中补，一般以 2~3 天补 1 次为好，每头牛每次用量以 20~40 克为宜。

（三）空怀母牛饲养管理

空怀期母牛不妊娠、不泌乳、无负担，在很多人眼中不是饲养管理的重点，生产上往往被忽视。其实，空怀期母牛的营养状况，直接影响着发情、排卵及受孕情况，如果营养好、体况佳，则母牛发情整齐、排卵数多、繁殖力高。加强空怀期母牛的饲养管理，尤其是配种前的饲养管理，对提高母牛的繁殖力十分关键。

在配种前，繁殖母牛应具有中上等膘情，过瘦或过肥都会影响繁殖。在日常饲养实践中，倘若喂给过多精料而又运动不足，易使牛群过肥导致不发情，在肉用母牛饲养中，这是最常见的现象，必须注意避免。但在饲料缺乏、母牛瘦弱的情况下，也会使母牛不发情而影响繁殖。实践证明，如果母牛前一个泌乳期内给以足够的平衡日粮，同时劳役较轻，管理周到，则能提高母牛的受胎率。瘦弱的母牛，配种前 1~2 个月加强饲养，适当补饲精料，也能提高受胎率。

母牛发情，应及时配种，防止漏配和失配。对初配母牛，应加强管理，防止野交早配。经产母牛产犊后 3 周内，要注意观察发情情况，对发情不正常或不发情者，要及时采取措施。一般母牛产后 1~3 个情期，发情排卵比较正常，随着时间的推移，犊牛体重增大，消耗增多，如果不能及时补饲，母牛往往膘情下降，发情排卵受到影响，常会造成暗发情（卵巢上虽有卵泡成熟排卵，但发情征兆不明显），错过发情期，影响受胎率。

母牛空怀的原因，既有先天性因素，也有后天性因素。先天性不孕，大多是母牛生殖器官发育异常（如子宫颈位置不正、阴道狭窄、幼稚病等）引起。避免这类情况，需要加强育种管理，及时淘汰隐性基因携带者。后天性不孕，主要是营养缺乏、饲养管理和使役不当及生殖器官疾病所致，具体应根据不同情况加以处理。

成年母牛因饲养管理不当造成不孕，在恢复正常营养水平后，大多能够自愈。犊牛期由于营养不良以致生长发育受阻，影响生殖器官正常发育造成的不孕，则很难用饲养方法来补救。若育成母牛长期营养不足，则往往导致初情期推迟，初产时出现难产或死胎，也会影响以后的繁殖力。

晒太阳和加强运动，可以增强牛群体质，提高母牛生殖机能。牛舍内通风不良，空气污浊，含氨量超过 20 毫克/米^3，夏季闷热，冬季寒冷，过度潮湿等恶劣环境，都会危害牛体健康，敏感的母牛很快停止发情。因此，改善饲养管理条件十分重要。另外，空怀期的母牛也应作好驱虫和检疫防疫工作。

肉用繁殖母牛以放牧饲养成本最低，目前，国内外多采用此方式，但放牧饲养也有一定的缺点，要注意合理调节、取长补短。

四、育肥牛饲养管理

(一) 育肥方式

1. 育肥的概念

所谓育肥，就是使日粮中的营养成分高于肉牛本身维持和正常生长发育所需，让多余的营养以脂肪的形式沉积于肉牛体内，获得高于正常生长发育的日增重，缩短出栏年龄，达到育肥的目的。对于幼牛，其日粮营养应高于维持营养需要（体重不增不减、不妊娠、不产奶，维持牛体基本生命活动所必需的营养需要）和正常生长发育所需营养；对于成年牛，只要大于维持营养需要即可。

2. 育肥的核心

提高日增重是肉牛育肥的核心问题。日增重会受到不同生产类型、不同品种、不同年龄、不同营养水平、不同饲养管理方式的直接影响。同时，确定日增重的大小，也必须考虑经济效益、肉牛的健康状况等因素。过高的日增重，有时也不太经济。在我国现有生产条件下，最后 3 个月育肥的日增重，以 1～1.5 千克最为经济划算。

3. 育肥的方式

肉牛肥育方式的划分方法很多。按肉牛的年龄，可分为犊牛肥育、幼牛肥育和成年牛肥育；按肉牛的性别，可分为公牛肥育、母牛肥育和阉牛肥育；按肉牛肥育所采用的饲料种类，可分为干草肥育、秸秆肥育和糟渣肥育等；按肉牛的饲养方式，可分为放牧肥育、半舍半牧肥育和舍饲肥育；按肉牛肥育的时间，可分为持续肥育和吊架子肥育（后期集中肥育）；按营养水平，可分为一般肥育和强度肥育。生产上常用的划分方法主要还是以持续育肥和后期集中育肥为主。

（1）持续肥育　持续肥育是指在犊牛断奶后，立即转入肥育阶段，给以高水平营养进行肥育，一直到出栏体重时出栏（12～18 月龄，体重 400～500千克）。使用这种方法，日粮中的精料可占总营养物质的 50% 以上，既可采用放牧加补饲的肥育方式，也可采用舍饲拴系肥育方式。持续肥育较好地利用了牛生长发育快的幼牛阶段，日增重和饲料利用率高，生产的牛肉鲜嫩，品质仅次于小白牛肉，而成本较犊牛肥育低，是一种很有推广价值的肥育方法。

（2）后期集中肥育　后期集中肥育是在犊牛断奶后，按一般饲养条件进行饲养，达到一定年龄和体况后，充分利用肉牛的补偿生长能力，利用高能量日粮，在屠宰前集中 3～4 个月的时间进行强度肥育。这种方法适用于 2 岁左右未经肥育或不够屠宰体况的肉牛，对改良牛肉品质、提高肥育牛经济效益有较明显的作用。但若吊架子阶段较长，肌肉生长发育过度受阻，即使给予充分饲养，最后的体重也很难与合理饲养的肉牛相比，而且胴体中骨骼、内脏比例大，脂肪含量高，瘦肉比例较小，肉质欠佳，所以，这种方法有时也很不合算。

虽然肉牛的肥育方式较多，划分方法各异，但在实际生产中，往往是各种肥育类型相互交叠应用。这里按肉牛年龄阶段不同，讲述肉牛的具体育肥技术体系。

（二）犊牛育肥

将犊牛进行育肥，是指用较多数量的奶饲喂犊牛，并将哺乳期延长到 4~7 月龄，断奶后即可屠宰。育肥的犊牛肉，粗蛋白比一般牛肉高 63%，脂肪低 95%，犊牛肉富含人体所必需的各种氨基酸和维生素。因犊牛年幼，其肉质细嫩，肉色全白或稍带浅粉色，味道鲜美，带有乳香气味，故有"小白牛肉"之称，其价格高出一般牛肉 8~10 倍。

小牛肉的生产，在荷兰较早，发展很快，其他如欧共体、德国、美国、加拿大、澳大利亚、日本等国也都在生产，现已成为大宾馆、饭店、餐厅的抢手货，成为一些国家出口创汇和缓解牛奶生产过剩、有效利用小公牛的新途径。在我国，进行小白牛肉生产，可满足星级宾馆、高档饭店对高档牛肉的需要，是一项具有广阔发展前景的产业。

1. 犊牛在育肥期的营养需要

犊牛育肥时，由于其前胃正在发育过程中，消化粗饲料的能力十分有限，因此，对营养物质的要求比较严格。初生时所需蛋白质全为真蛋白质，肥育后期真蛋白质仍应占粗蛋白质的 90% 以上，消化率应达 87% 以上。

2. 犊牛育肥方法

育肥犊牛品种，应选择夏洛莱、西门塔尔、利木赞或黑白花等优良公牛与本地母牛杂交改良所生的杂种犊牛。优良肉用品种、肉乳兼用和乳肉兼用品种犊牛，均可采用这种育肥方法生产优质牛肉。但由于代谢类型和习性不同，乳用品种犊牛在育肥期较肉用品种犊牛的营养需要高约 10%，才能取得相同的增重；而选作育肥用的乳牛公犊，要求初生重大于 40 千克，还必须健康无病、头方嘴大、前管围粗壮、蹄大坚实。

（1）优等白肉生产　初生犊牛，采用随母哺乳或人工哺乳方法饲养，保证及早和充分吃到初乳；3 天后，完全人工哺乳；4 周前，每天按体重的 10%~12% 喂奶；5~10 周龄时，喂奶量为体重的 11%；10 周龄后，喂奶量为体重的 8%~9%。

优等白肉生产，单纯以奶作为日粮，适合犊牛的消化生理特点。在幼龄期，只要注意温度和消毒，特别是喂奶速度要合适，一般不会出现消化不良等问题。但在15周龄后，由于瘤胃发育、食管沟闭合不如幼龄牛，更须注意喂奶速度要慢一些。从开始人工喂奶到肉牛出栏，喂奶的容器外形与颜色必须一致，以强化食管沟的闭合反射。发现粪便异常时，可减少喂奶量，掌握好喂奶速度。恢复正常时，逐渐恢复喂奶量。为抑制和治疗痢疾，可在奶中加入适量抗菌素，但在出栏前5天，必须停止使用，防止牛肉中有抗菌素残留。5周龄以后采取拴系饲养。一般饲养120天，体重达到150千克即可出栏。育肥方案见表2-2-3。

表 2-2-3　利用荷斯坦公犊全乳生产白肉方案

周龄	体重（千克）	日增重（千克）	日喂奶量（千克）	日喂次数
0~4	40~59	0.6~0.8	5~7	3~4
5~7	60~79	0.9~1.0	7~8	3
8~10	80~100	0.9~1.1	10	3
11~13	101~132	1.0~1.2	12	3
14~16	133~157	1.1~1.3	14	3

（2）一般白肉生产　单纯用牛奶生产"白肉"成本太高，为节省成本，可用代乳料饲喂2月龄以上的肥犊。但用代乳料会使肌肉颜色变深，所以，代乳料的组成，必须选用含铁低的原料，并注意粉碎的细度。犊牛消化道中缺乏蔗糖酶，淀粉酶量少且活性低，故应减少谷实用量，所用谷实最好经膨化处理，以提高消化率、减少拉稀等消化不良现象发生。选用经乳化的油脂，以乳化肉牛脂肪（经135℃以上灭菌）效果最好。代乳料最好煮成粥状（含水80%~85%），待温度达到40℃时饲喂。若出现拉稀或消化不良，可加喂多酶、淀粉酶等进行治疗，同时适当减少喂料量。用代乳料增重效果不如全乳。饲养方案见表2-2-4，代乳料配方见表2-2-5。

表 2-2-4　用全乳和代乳料生产白肉例方案

周龄	体重（千克）	日增重（千克）	日喂奶量（千克）	日代乳料（千克）	日喂次数
0~4	40~59	0.6~0.8	5~7	——	3~4
5~7	60~77	0.8~0.9	6	0.4（配方1）	3
8~10	77~96	0.9~1.0	4	1.1（配方1）	3
11~13	97~120	1.0~1.1	0	2.0（配方2）	3
14~17	121~150	1.0~1.1	0	2.5（配方2）	3

表 2-2-5 生产白肉的代乳料配方例 （%）

配方号	熟豆粕	熟玉米	乳清粉	糖蜜	酵母蛋白粉	乳化脂肪	食盐	磷酸氢钙	赖氨酸	蛋氨酸	多维	微量元素	鲜奶香精或香兰素
1	35	12.2	10	10	10	20	0.5	2	0.2	0.1	适量	适量	0.01~0.02
2	37	17.5	15	8	10	10	0.5	2	0	0			

说明：两配方的微量元素不含铁。

育肥期间，日喂 3 次，自由饮水，夏季饮凉水，冬春季饮温水（20℃左右），要严格控制喂奶速度、奶的卫生与温度，防止发生消化不良。若出现消化不良，可酌情减少喂料量，适当进行药物治疗。应让犊牛充分晒太阳和运动，若无条件进行日光浴和运动，则每天需补充维生素 D 500~1 000 单位。饲养至 5 周龄后，应拴系饲养，尽量减少犊牛运动。根据季节特点，做好防暑保温。经 180~200 天的育肥，体重达到 250 千克时，即可出栏。因出栏体重小，提供净肉少，所以，"白肉"投入成本高，市场价格昂贵。

处于强烈生长发育阶段的育成牛，育肥增重快、育肥周期短、饲料报酬高，经过直线强度育肥后，牛肉鲜嫩多汁、脂肪少、适口性好，同样也是高档产品。只要对育成牛进行合理的饲养管理，就可以生产大量仅次于"小白牛肉"、品质优良、成本较低的"小牛肉"。所以，生产上更多的是利用育成牛进行育肥。

（三）育成牛育肥

1. 育成牛育肥期营养需要

育成牛体内沉积蛋白质和脂肪能力很强，充分满足其营养需要，可以获得较大的日增重。肉牛育成牛的营养需要见表 2-2-6。

表 2-2-6 肉牛去势育成牛育肥期每日营养需要

体重（千克）	日增重（千克）	干物质（千克）	粗蛋白（克）	钙（克）	磷（克）	综合净能（兆焦）	胡萝卜素（毫克）
150	0.9	4.5	540	29.5	13.0	21.1	25
	1.2	4.9	645	37.5	15.5	26.3	27
200	0.9	5.3	600	30.5	14.5	25.9	29.5
	1.2	6.0	700	38.5	17.0	32.3	33
250	0.9	6.1	650	31.5	16.0	31.4	33.5
	1.2	6.9	755	39.5	18.5	39.1	37.5
300	0.9	6.9	700	32.5	17.5	37.0	37.5
	1.2	7.8	805	40.0	20.0	46.0	43

（续表）

体重 （千克）	日增重 （千克）	干物质 （千克）	粗蛋白 （克）	钙 （克）	磷 （克）	综合净能 （兆焦）	胡萝卜素 （毫克）
350	0.9	7.6	750	33.5	19.0	42.1	41.5
	1.2	8.7	855	41.0	21.5	52.3	48.0
400	0.8	8.0	765	32.0	19.5	44.3	44.0
	1.0	8.6	830	37.0	21.0	58.7	47.0
450	0.7	8.3	775	31.0	20.5	45.9	45.5
	0.9	8.9	845	35.5	22.0	51.9	49.2

2. 育成牛育肥方法

（1）幼龄强度育肥周岁出栏模式　犊牛断奶后立即育肥，在育肥期给予高营养，使日增重保持在 1.2 千克以上，周岁体重达 400 千克以上，结束育肥。

育肥时，采用舍饲拴系饲养，不可放牧，原因是放牧行走消耗营养多，日增重难以超过 1 千克。育肥牛定量喂给精料和主要辅助饲料，粗饲料不限量，自由饮水，尽量减少运动、保持环境安静。育肥期间，每月称重，根据体重变化，适当调整日粮。气温低于 0℃ 和高于 25℃ 时，气温每升高或降低 5℃，应加喂 10% 的精料。公牛不必去势直接育肥，可利用公牛增重快、省饲料的特点，获得更好的经济效益，但应远离母牛，以免被异性干扰，降低育肥效果。若用育成母牛育肥，日粮需要量较公牛多 20% 左右，可获得相同日增重。

对乳用品种育成公牛作强度育肥时，可以得到更大的日增重和出栏重。但乳用品种牛的代谢类型不同于肉用品种牛，每千克增重所需精料量较肉用品种牛高 10% 以上，并且必须在高日增重下，牛的膘情才能改善（即日增重应在 1.2 千克以上）。

用强度育肥法生产的牛肉，肉质鲜嫩，投入成本较犊牛育肥法较低，每头牛提供的牛肉比育肥犊牛增加 40%~60%，因此，强度育肥育成牛，是经济效益最大、采用最为广泛的育肥方法。但此法消耗精料较多，适宜在饲料资源丰富的地方应用。

（2）一岁半出栏或两岁半出栏模式　将犊牛自然哺乳至断奶，然后充分利用青草及农副产品，饲喂到 14~20 月龄，体重达到 250 千克以上，进入育肥期。经 4~6 个月育肥，体重达 500~600 千克时出栏。育肥前，利用廉价饲草，使牛的骨架和消化器官得到较充分发育；进入育肥期后，对饲料品质的要求较低，从而使育肥费用减少，而每头牛提供的肉量却较多。此法粮食用量少、经济效益好、适应范围广，是一种普遍采用的育肥方法。

我国大部分地区越冬饲草比较缺乏，而大部分牛都在春季产犊，一岁半出栏与两岁半出栏相比较，由于前者少养一个冬季，能减少越冬饲草的消耗量，并且生产的牛肉质量较好，效益也较好，所以前者更受欢迎。但在饲料质量不佳、数量不足的地区，犊牛的生长发育受饲料限制，所以，这些地区只能采用两岁半出栏的育肥方法。

在华北山区，一岁半出栏比两岁半出栏体重虽低60千克，多消耗精料160千克，但却少消耗880千克干草和1 100千克青草，且能节省一年的人工和各种设施消耗，在相同条件下，一岁半出栏的生产周转效率高于两岁半出栏60%以上，因此，一岁半出栏的总体效益会更好一些。

育成牛可采用舍饲与放牧两种育肥方法。放牧时，利用小围栏全天放牧，就地饮水和补料，这样能避免放牧行走消耗营养而使日增重降低。放牧回圈后，不要立即补料，待数小时后再补，以免减少采食量。气温高于30℃时可早晚和夜间放牧。舍饲育肥以日喂3次效果较好。

第三节　架子牛的选择与育肥

一、架子牛的选择

1. 美国架子牛的分级

为了准确地判断架子牛的特性，USDA修订了架子牛等级标准，新的等级评定标准的目的是能够较准确地判断架子牛的特性，对肉牛业提供如下好处：作为买卖双方市场议价的基础；便于架子牛的分群；便于架子牛市场的统计，新的标准把架子牛大小和肌肉厚度作为评定等级的两个决定因素。

架子牛共分为3种架子10个等级，即大架子1级、大架子2级、大架子3级；中架子1级、中架子2级、中架子3级；小架子1级、小架子2级、小架子3级和等外。具体要求如下。

大架子：要求有稍大的架子，体高且长，健壮。

中架子：要求有稍大的架子，体较高且稍长，健壮。

小架子：骨架较小，健壮。

1级：要求全身的肉厚，脊、背、腰、大腿和前腿厚且丰满。四肢位置端正，蹄方正，腿间宽，优质肉部位的比例高。

2 级：整个身体较窄，胸、背、脊、腰、前后腿较窄，四肢靠近。

3 级：全身及各部位厚度均比 2 级要差。

等外：因饲养管理较差或发生疾病造成不健壮牛只属此类。

2. 架子牛选择的原则

在我国的肉牛业生产中，架子牛通常是指未经肥育或不够屠宰体况的牛，这些牛常需从农场或农户选购至育肥场进行肥育。

选择架子牛时要注意选择健壮、早熟、早肥、不挑食、饲料报酬高的牛。具体操作时要考虑品种、年龄、体重、性别和体质外貌等，同时要进行价格核算。

（1）品种、年龄　在我国最好选择夏洛莱牛、利木赞牛、皮埃蒙特牛、西门塔尔牛等肉用或肉乳兼用公牛与本地黄牛母牛杂交的后代，也可利用我国地方黄牛良种，如晋南黄牛、秦川牛、南阳黄牛和鲁西黄牛等。年龄最好选择 1.5~2 岁或 15~21 月龄。

（2）性别　如果选择已去势的架子牛，则早去势为好，3~6 月龄去势的牛可以减少应激，加速头、颈及四肢骨骼的雌化，提高出肉率和肉的品质，但公牛的生长速度和饲料转化率优于阉牛，且胴体瘦肉多，脂肪少。

（3）体质外貌　在选择架子牛时，首先应看体重，一般情况下 1.5~2 岁或 15~21 月龄的牛，体重应在 300 千克以上，体高和胸围最好大于其所处月龄发育的平均值。另有一些性状不能用尺度衡量，但也很重要，如毛色、角的状态、蹄、背和腰的强弱、肋骨开张程度、肩胛等。一般的架子牛有如下规律：四肢与躯体较长的架子牛有生长发育潜力，若幼牛体型已趋匀称，则将来发育不一定好；十字部略高于体高，后肢飞节高的牛发育能力强；皮肤松弛柔软、被毛柔软密致的牛肉质量好；发育虽好，但性情暴躁，神经质的牛不能认为是健康牛，这样的牛难于管理。

（4）价格核算　牛的成本，除去牛的本身价格，还应包括各种税收、交易手续费、出境费用、运输费用、运输损失等。收购前，要逐项了解和估算，测算肥育过程中费用、屠宰后费用及出售产品后的收入，确定收购牛的最低价格。

3. 架子牛运输注意事项

（1）疫病流行和计划免疫调查　从外地购牛时，首先要了解产地有无疫情，并作检疫。重点调查牛口蹄疫、黏膜病毒病、结核病、布氏杆菌病、焦虫病等流行情况，计划免疫情况，确认无疫情时方可购买。

（2）养殖环境调查　了解牛只原产地的气温、饲草料品种、饲料质量、气候等环境因素，做好与养殖地情况对比。一般宜从气温较高或过低、饲草料条件较差的产地调入，可以使牛只较快适应环境。

（3）科学选择调运季节和气候　环境变化、气候差异，常使牛的应激反应增强。长途运输引种时，宜选择春秋两季、风和日丽天气进行。冬夏两季运输牛群时，要做好防寒保暖和降暑工作。从北方向南方运牛应在秋冬两季进行，从南方向北方运牛应在春夏两季进行。密切注意天气预报，根据合适的气候情况决定运输时间。

（4）运输工具　为安全运输工作，运输肉牛的汽车高度不要低于140厘米，装车不要太拥挤，肉牛少时，可用木杆等拦紧，减少开车和刹车时肉牛站不稳引发事故。一般大牛在前排，小牛在后排，若为铁板车厢时，应铺垫锯末、碎草等防滑物质。装车前不饲喂饼类、豆科草等易发酵饲料，少喂精料，肉牛半饱，饮水适当。车速合理、匀速。转弯和停车均要先减速。运输中检查，1次/小时，将躺下的牛赶起，防止被踩。肉牛运动超过10小时路途时，应中间休息1次，给牛饮水。夏季白天运牛要搭凉棚，冬天运牛要有挡风。

二、架子牛的育肥

（一）新购肉牛饲养管理

新购肉牛的饲养，重点是解除运输应激，使其尽快适应新的环境。

1. 及时补水

牛经过长距离、长时间的运输，胃肠食物少，体内缺水严重。因此给牛补水是首要的工作。补水的方法是：第一次补水，饮水量限制在15~20千克，切忌暴饮，每头牛补人工盐100克；间隔3~4小时后，第二次饮水，这时候就可自由饮水，水中掺些麸皮效果会更好。

2. 逐渐过渡到使用育肥日粮

开始时，只限量饲喂一些优质干草，每头牛4~5千克，加强观察，检查是否有厌食、下痢等症状；第2天起，随着食欲的增加，逐渐增加干草喂量，添加青贮、块根类饲料和精饲料，经5~6天后，可逐渐过渡到使用育肥日粮，由少到多，逐渐添加，10天后可喂给正常的供给量。驱虫可从牛入场的第8~10天进行，一般可选用阿维菌素，一次用药同时驱杀体内外多种寄生虫。驱虫3日后，每头牛口服健胃散350~400克。以后可每隔2~3个月驱虫1次。根据当地疫病流行情况，进行必要的疫苗注射，阉割；勤观察架子牛的采食、粪尿、反刍、精神状态，发现异常及时处置。

3. 给牛创造舒适的环境

新购肉牛要集中隔离圈舍进行健康观察 15 天以上。隔离牛舍要干净、干燥，不要立即拴系，宜自由采食。围栏内要铺设垫草，保持环境安静，让牛在隔离饲养期间尽快消除倦躁情绪。

（二）架子牛的育肥

架子牛宜采用后期集中育肥法。后期集中肥育有放牧加补饲法，秸秆加精料类型的舍饲肥育、青贮料日粮类型舍饲肥育及酒糟日粮类型舍饲肥育方法。

1. 放牧加补饲肥育

此方法简单易行，以充分利用当地资源为主，投入少，效益高。我国牧区、山区可采用此法。对 6 月龄末断奶的犊牛，7~12 月龄半放牧半舍饲，每天补饲玉米 0.5 千克，生长素 20 克、人工盐 25 克、尿素 20 克，补饲时间在晚 8 点以后。13~15 月龄放牧，16~18 月龄经驱虫后进行强度肥育，整天放牧，每天补饲喂混合精料 1.5 千克、尿素 40 克、生长素 40 克、人工盐 25 克，另外适当补饲青草或青干草。

一般青草期肥育牛日粮，按干物质计算，料草比为 1：（3.5~4），饲料总量为体重的 2.5%，青饲料种类应在 2 种以上，混合精料应含有能量、蛋白质饲料和钙、磷、食盐等。每千克混合精料的养分含量为：干物质 894 克，增重净能 1 089 兆焦、粗蛋白质 164 克、钙 12 克、磷 9 克。强度肥育前期，每头牛每天喂混合精料 2 千克，后期喂 3 千克，精料日喂 2 次，粗料补饲 3 次，可自由进食。我国北方省区 11 月份以后，进入枯草季节，继续放牧达不到肥育的目的，应转入舍内进行全舍饲肥育。

2. 处理后的秸秆+精料

农区有大量作物秸秆，是廉价的饲料资源。秸秆经过化学、生物处理后提高其营养价值，改善适口性及消化率。秸秆氨化技术在我国农区推广范围最大，效果较好。经氨化处理后的秸秆粗蛋白可提高 1~2 倍，有机物质消化率可提高 20%~30%，采食量可提高 15%~20%。以氨化秸秆为主加适量的精料进行肉牛肥育，各地都进行了大量研究和推广。

氨化麦秸加少量精料即能获得较好的肥育效果，且随精料量的增加，氨化麦秸的采食量逐渐下降，日增重逐渐增加。精料可使用玉米 60%，棉籽饼 37%，骨粉 1.5% 和食盐 1.5%。

3. 青贮饲料+精料

在广大农区，可作青贮用的原料易得。有资料显示，我国有可供青贮用的农作物副产品 10 亿吨以上，用于青贮的只有很少部分。若能提高到 20%，则每年可节省饲料粮 3 000 万吨。青贮玉米是肥育肉牛的优质饲料。试验证实，完熟后的玉米秸，在尚未成枯秸之前青贮保存，仍为饲喂肉牛的优质粗料，加饲一定量精料进行肉牛肥育仍能获得较好的增重效果。

方案 1：以青贮玉米秸秆为主要粗饲料进行肉牛后期集中肥育。其日粮组成：青贮玉米秸秆 55.56%、酒糟 10.66%、混合精料 33.78%。

方案 2：在以青贮玉米秸秆为主要粗饲料进行架子牛肥育，自由采食青贮玉米秸秆，每天每头饲喂占体重 1.6%的精料。精料组成：玉米 43.9%、棉籽饼 25.7%、麸皮 29.2%、骨粉 1.2%，另加食盐。

方案 3：使用青贮玉米秸秆自由采食，每天每头架子牛喂精料 5 千克。精料组成：玉米 53.03%、棉籽饼 16.1%、麸皮 28.41%、骨粉 1.51%、食盐 0.95%。

4. 糟渣类饲料+精料

糟渣类饲料包括酿酒、制粉、制糖的副产品，其大多是提取了原料中的碳水化合物后剩下的多水分的残渣物质。这些糟渣类下脚料，除了水分含量较高（70%~90%）之外，粗纤维、粗蛋白、粗脂肪等的含量都较高，而无氮浸出物含量低，其粗蛋白质占干物质的 20%~40%。属于蛋白质饲料范畴，虽然粗纤维含量较高（多在 10%~20%），但其各种物质的消化率与原料相似，故按干物质计算，其能量价值与糠麸类相似。

啤酒糟育肥架子牛配方见表 2-2-7、表 2-2-8。

表 2-2-7　啤酒糟育肥架子牛配方　　　　　　　　　　　（%）

饲料种类	前期	中期	后期
玉米	13	30	47.5
大麦	10	10	15
麸皮	10	10	5
棉籽饼	10	8	6
啤酒糟	25	20	10
粗料	30	20	15
食盐	0.5	0.5	0.5
矿物质添加剂	1.5	1.5	1.5

表 2-2-8　啤酒糟育肥架子牛配方　　　　　　　　　　　（%）

饲料种类	前期	中期	后期
玉米	25	44	59.5
麸皮	4.5	8.5	7

（续表）

饲料种类	前期	中期	后期
棉籽饼	10	9	3.5
骨粉	0.3	0.3	—
贝粉	0.2	0.2	—
白酒糟	49	28	21
玉米秸粉	11	10	9

育肥牛精饲料的给量为每天每头架子牛 1.5 千克/100 千克体重。此外，在肉牛饲料中添加 0.5％碳酸氢钠，每天每头喂 2 万单位维生素 A、50 克食盐。饲喂酒糟时保证优质新鲜。如在育肥过程中出现湿疹、膝部球关节红肿与腹部膨胀等症状，应暂停喂酒糟，适当调整饲料，以调整其消化机能。

第四节　秸秆微贮与氨化

一、秸秆微贮

秸秆微贮饲料，是利用现代生物技术筛选培育出的微生物菌剂，经清水浸透并活化后，洒在铡短的作物秸秆上，在厌氧的条件下，经微生物生长繁殖形成具有酸香味、草食家畜喜爱的饲料。此法与碱化法、氨化法相比，具有污染少、效率高、营养全面等特点。

（一）秸秆微贮原理

微贮饲料中，由于加入了高活性的微生物菌剂，使饲料中能分解纤维素的菌数大幅度增加，发酵菌在适宜的厌氧环境下，分解大量的纤维素和木质素，并转化为糖类，糖类又经有机酸发酵转化为乳酸、醋酸和丙酸等，使 pH 降到 4.5～5，加速了微贮秸秆饲料的生物化学作用，抑制了有害菌如丁酸菌、腐败菌的繁殖。

（二）秸秆微贮饲料的特点

1. 采食速度高

秸秆经过微生物发酵处理后，质地变柔软，具有酸香气味，适口性明显增强，家畜爱吃，采食速度可提高 43％，同时由于秸秆中的部分纤维素、木质素被微生物降解，使秸秆的消化率提高，过反刍动物的瘤胃加快，因此采食量也增加了，一般可以提高采食量 20%～40%，长期饲喂，无毒无害，安全可靠。

2. 秸秆的营养价值高

秸秆发酵后，使木质素、纤维素聚合物的酯键酶解，瘤胃微生物能直接附着，作用于纤维素。由于微生物的繁殖，使秸秆菌种蛋白质含量增加；同时，秸秆木质素、纤维素部分被降解成低聚糖、乳酸、挥发性脂肪酸，因而提高了秸秆的营养价值，成为牛、羊的优质饲料。

用微贮后的秸秆喂牛，日增重提高 30% 左右，据试验，麦秸微贮后消化率提高 24%，4 千克的微贮秸秆饲料约相当于 1 千克的玉米营养价值。

3. 秸秆微贮的处理成本低

有益微生物菌剂处理干秸秆，与尿素氨化处理秸秆相比，成本低，而且微贮解决了畜牧业与种植业争化肥的矛盾。

4. 制作的季节长，易于推广

青贮饲料好，但制作季节性强，存在着与农争时的问题，而秸秆微贮用的是不适合青贮的干秸秆和无毒的干草植物，室外气温 10～40℃ 都可以制作，北方地区春夏秋三季都可以进行，南方一年四季都可以进行，而且制作技术简单易行。

5. 制作原料来源广

麦秸、稻草、黄玉米秸秆、马铃薯秧、山芋秧、青玉米秸秆、无毒野草及青绿水生植物等，无论是干秸秆还是青秸秆都可用秸秆发酵活干菌制成优质微贮饲料。

6. 保存期长

秸秆发酵菌在秸秆中生长迅速，产酸作用强，由于挥发性脂肪酸中丙酸与醋酸未离解分子的强力抑菌作用，微贮秸秆生物饲料不易发霉腐败，从而可以长期保存。另外，秸秆微贮饲料取用方便，按需随取随用，不需要晾晒。

7. 制作简单

秸秆饲料微贮技术制作简单，与传统的青贮饲料相比，更易学易懂，容易普及推广。

(三) 微贮操作

1. 微贮设备

制作微贮饲料大多利用微贮窖进行。微贮窖的建造，目前一般选用土窖微贮法。此法是选择地势高、土质硬、向阳干燥、排水容易、地下水位低、离畜舍近、取用方便的地方，根据贮量挖一长方形窖，家庭养肉牛、肉羊的养殖户一般选用长 3.5 米、宽 1.2 米、高 2 米的窖为宜

2. 制作过程

（1）微贮剂菌种的活化与稀释　根据微贮原料的种类和数量，计算所需微贮剂菌种的数量。以某品牌微贮剂菌种为例，处理干秸秆如麦秸、稻草、玉米秸等 1 000 千克，或处理青秸秆 3 000 千克，需要该品牌的微贮剂菌种 15 克。将所需要的微贮剂菌种 15 克倒入 10 千克的能量饲料（如玉米面、稻谷粉、麦粉、薯干粉、高粱粉等）中，搅拌均匀，备用。具体见表 2-2-9。

表 2-2-9　微贮剂菌种的活化与稀释

秸秆种类	秸秆处理量 （千克）	微贮剂菌 种量（克）	能量饲料 （千克）	食盐 （千克）	清水 （千克）	微贮料含 水量（%）
稻草麦秸	1 000	125	10	9~12	1 200~1 400	60~70
黄玉米秸	1 000	125	10	6~8	1 000	60~70
青玉米秸	1 000	125	10	5	适量	60~70

在青玉米秸的微贮处理中，有条件的，可以在每吨青玉米秸中加入 5 千克的尿素，可以提高青贮饲料的蛋白含量 2.3% 以上。添加尿素的方法：微贮开始前，首先把尿素配成 25%（即 100 千克水中，加入 25 千克尿素）的溶液，存放在一定的容器中，然后在微贮时，一边粉碎玉米秸，一边用微型喷雾器将尿素液喷洒在玉米秸表面上。喷洒量是：每吨青贮玉米秸喷洒 25% 的尿素液 20 千克。一边喷洒，一边装窖，喷洒要均匀。食盐和发酵剂的添加也可以在这个过程中进行。

青玉米秸的微生物青贮中，把握好原料的含水量是发酵成败的关键，原料含水量以 60%~70% 为好，一般刚割下来的青绿玉米秸，含水量较高，要晾晒 2~5 小时后，再用于发酵处理，青玉米秸青贮，一般是为了把青玉米秸中的营养完好地保存下来，留到冬天喂牲畜使用的目的。

（2）秸秆要切短　养牛羊要切短到 2 厘米以内。这样才易于压实和提高微贮窖的利用率，同时发酵品质也更稳定，质量更好。另外，养猪用的秸秆最好在有条件时，用秸秆粉碎机进行粉碎处理，做出来的微贮饲料，不仅营养价值高，对牛羊适合性好，猪也非常爱吃，并会吃得一干二净。

（3）入窖　微贮秸秆的含水量是否合适是决定微贮饲料好坏的重要条件之一，因此要装填时首先要检查秸秆的含水量是否合适。含水量的检查方法

是：抓起秸秆样品，用双手拧扭，若无水滴，松开手后看到手上水分较明显则最为理想。在窖底和周围铺一层塑料布，而后开始铺放 20~30 厘米厚的短秸秆，再将配制好的菌液按表 2-2-9 的比例洒在秸秆上，用脚踏实，踩得越实越好，尤其是注意窖的边缘和四角，同时洒上秸秆量千分之五的玉米粉，或大麦粉或麸皮，也可在窖外把各种原料搅拌均匀后再入窖踩实。而后再铺上 20~30 厘米厚的秸秆，如此重复上述的喷洒菌液、踩实、洒玉米等过程，反复多次后，直到高出窖顶 30~40 厘米为止，再封口。

分层压实的目的是排出秸秆中和空隙中的空气，给发酵造成一个厌氧的有利条件。如果窖内当天未装满，可先盖上塑料布，第二天装窖时继续装。

（4）封窖　装完后，再充分压实，在最上面一层均匀洒上食盐粉，压实后再盖上塑料布。上面食盐的用量为每平方米加洒 250 克，其目的是确保微贮饲料上部不发生霉烂变质。盖上塑料布后，再在上面盖上 20~30 厘米厚的干秸秆，覆土 15~20 厘米，密封，以保证微贮窖内的厌氧环境。

（5）管理　秸秆微贮后，窖池内的贮料会慢慢地下沉，应及时地加盖土，使之高出地面，并在距窖四周约 1 米之处挖好排水沟，以防雨水渗透。以后应经常检查，窖顶有裂缝时，应及时覆土压实，防止漏气漏雨。

（四）微贮饲料的品质鉴定与饲喂

1. 品质鉴定

当发酵完成后和饲喂前要对微贮饲料的品质进行鉴定。

（1）感观指标　①色泽。优质微贮的色泽接近微贮原料的本色，呈金黄色或黄绿色则为良好的微贮饲料；如果成黄褐色、黑绿色、或褐色则为质量较差、差或劣质品。②气味。微贮饲料具有醇香或果香味，并具有弱酸味，气味柔和，为品质优良。若酸味较强，略刺鼻、稍有酒味和香味的品质为中等。若酸味刺鼻，或带有腐臭味、发霉味，手抓后长时间仍有臭味，不易用水洗掉，为劣等，不能饲喂。

（2）质地　品质好的微贮料在窖里压的坚实紧密，但拿到手中比较松散、柔软湿润，无黏滑感，品质低略的微贮料结块，发黏；有的虽然松散，但质地粗硬、干燥，属于品质不良的饲料。

（3）pH 值　正常的微贮料用 pH 试纸测试时，pH 值 4.2 以下为上等，pH 值 4.3~5.5 为中等，pH 值 5.5~6.2 为下等，pH 值 6.3 以上为劣质品。

（4）卫生指标　应符合 GB 10378 和其他有关卫生标准规定。

2. 微贮料的饲喂

微贮饲料以饲喂草食家畜为主，可以作为家畜日粮中的主要粗饲料。饲喂时可以与其他草料搭配。

饲喂微贮饲料，开始时有的家畜不喜食，应有一个适应过程，可与其他饲草料混合搭配饲喂，要由少到多，循序渐进，逐渐加量，习惯后再定量饲喂。

微贮饲料一般每天饲喂量为：奶牛、育成牛、肉牛 15~20 千克，羊 1~3 千克，马、驴、骡 5~10 千克。

要保持微贮料和饲槽的清洁卫生，采食剩下的微贮料要清理干净，防止污染，否则会影响家畜的食欲或导致疾病。

冬季应防止微贮料冻结，已冻结的微贮饲料应溶化后再饲喂，否则会引起家畜疝痛或使孕畜流产。

微贮饲料喂奶牛最好在挤奶后饲喂，切忌在挤奶区存放微贮饲料。

二、秸秆氨化

秸秆的氨化主要适用于对粗老秸秆的处理，幼嫩秸秆营养及消化本身就高，没有氨化的必要。而粗老秸秆的纤维素、半纤维素和木质素含量较高，且相互之间结合成非常复杂的酯链，机械加工不能改变其消化利用性能，用青贮方法也难以奏效，如用氨或尿素等进行氨化处理，则可以打开纤维素和半纤维素与木质素之间的酯链，从而使纤维素和半纤维膨胀，瘤胃液易于渗入，便于消化分解，不仅可以提高秸秆的消化率，改进其适口性，增加采食量，还兼有杀死秸秆上的病菌和寄生虫卵的作用。此外，可以使秸秆的粗蛋白质含量提高 4%~6%。

（一）氨化秸秆常用氨源及用量

目前用于秸秆氨化的氨源，种类很多，各种药剂的使用量也不同。在氨化前，应根据氨化秸秆的数量，准备好足够的氨源。

1. 尿素

可使用市场上销售的农用化肥尿素，其使用量为风干秸秆的 2%~5%。

尿素的加入方法是，先将尿素溶于少量的温水中，再将尿素溶液倒入用于调整秸秆含水量的多量水中。然后将尿素溶液均匀地喷洒到秸秆上。这样，既可使氨化作用均匀，又可避免因局部尿素含量偏高而造成家畜中毒。

2. 氨水

氨水浓度各异，用量应根据氨和秸秆风干重的比例来确定，比例为 3%~5%。氨水中的水分应计入氨化的适宜含水量。

例如：以 3% 的氨和秸秆比例氨化 1 000 千克小麦秸（水分为 10%），需要多少浓度为 20% 的氨水？调整到 35% 的适宜含水量应加多少水？

其计算式如下。

氨水的用量：1 000×3%÷20%＝150（千克）

水的用量（秸秆水分以35%计算）：设加水的量为 x（升）

（1 000×10%+150×80%+x）÷（1 000+150+x）＝35%

x＝419.2（升）

需购买此浓度的氨水150千克；需加水419.2升。

根据计算结果，用调整秸秆水分的水把氨水稀释后，按比例加入秸秆。

加氨水的方法可用氨枪注入氨水，也可直接喷洒施入。用氨枪加氨水前，应将秸秆密封起来，以防氨气挥发逸出。氨枪是一根长3米左右的铁管，铁管上有孔径为2毫米的滴孔，间距为10厘米，氨枪的末端用橡皮软套连接在氨水罐的配管上或氨水罐车上。氨枪插入位置应根据氨水的扩散半径而定，氨水的扩散半径为1~1.5米。距垛底的距离为1米，氨水可向秸秆底部流动，并逐渐挥发。

喷洒氨水的办法，是将氨水直接喷洒于秸秆中，经充分搅拌均匀后堆垛或装入池中密封。

3. 无水氨（液氨）

无水氨的用量，一般为风干秸秆重的3%~5%。在此范围内，增加氨的用量与提高秸秆消化率和粗蛋白质含量成正相关；无水氨用量超过5%，则增加的效果不明显。未与秸秆发生反应的多余氨以游离态存在于秸秆中。

无水氨易挥发，其扩散半径为2~2.5米。一般用氨枪注入。氨枪插入位置距离秸秆底部0.2米。若离底部再高，则底部秸秆不能与氨接触，难以起到氨化作用。这是由于液氨进入秸秆中向上扩散的缘故。

4. 碳酸氢铵

含氮量低，一般用量为4%~5%。碳酸氢铵会增加秸秆的咸苦味，影响适口性。使用碳酸氢铵氨化秸秆的成本低于尿素，但氨化效果不如尿素。碳酸氢铵易挥发，所以操作时动作必须迅速。加碳酸氢铵的方法如下。

（1）以液体的形式加入　将碳酸氢铵与用于调整秸秆含水量的水混合，均匀地喷洒到秸秆中，然后迅速密封。

（2）以固体形式加入　碳酸氢铵不用水溶解，直接分层撒入秸秆中，层与层间距为0.5米，使碳酸氢铵逐渐挥发而发生氨化作用。

（二）秸秆氨化的方法

1. 氨化池氨化法

① 选取向阳、背风、地势较高、土质坚硬、地下水位低而且便于制作、

饲喂、管理的地方建氨化池。池的形状可为长方形或圆形。池的大小及容量根据氨化秸秆数量而定，而氨化秸秆的数量又决定于饲养家畜的种类和数量。一般每立方米池可装切碎的风干秸秆 100 千克左右。一头体重 200 千克的牛，年需要氨化秸秆 1.5~2.0 吨。挖好池后，用砖或石头铺底，砌垒四壁，水泥抹面。

② 将秸秆粉碎或切成 1.5~2.0 厘米的小段。

③ 将 3%~5% 的尿素用温水配成溶液，温水多少视秸秆的含水量而定，一般秸秆的含水量为 12%，为每 100 千克秸秆加 30 千克左右溶液。

④ 将配好的尿素溶液均匀地洒在秸秆上，边洒边搅拌，或者一层秸秆均匀洒一次尿素溶液，边装边踩实。

⑤ 装满后，用塑料薄膜盖好池口，四周用土覆盖密封。

2. 堆垛氨化法

堆垛场地应选择地势干燥、鼠害较少的平地。在地上铺放厚度为 0.15~0.2 毫米的塑料膜，大小视秸秆堆大小而定，垛的高度一般不超过 2.5 米。堆垛的秸秆应打成 15~20 千克重的捆，垛底四周的塑料膜应留下一定的宽度。秸秆码到一定高度后，加水调整含水量，然后用塑料膜覆盖，上下两块塑料膜的四周重叠卷边，并用重物压住或用塑料胶带密封。

堆垛氨化最好使用氨水或液氨，通过氨枪加入秸秆垛中。加完氨后，取出氨枪，用胶布将注氨孔密封。有时塑料膜被扎破、冻破或老鼠咬破，一经发现即要马上修补，防止漏氨。

3. 塑料袋氨化法

塑料袋一般为长 2.5 米，宽 1.5 米，对塑料袋的要求是无毒的聚乙烯薄膜，厚度在 0.12 毫米以上，最好用双层塑料袋。把切短的秸秆，用配制好的尿素水溶液（相当于秸秆风干质量 4%~5% 的尿素溶解在相当于秸秆质量 40%~50% 的清水中）均匀喷洒，装满塑料袋后，封严袋口，放在向阳的干燥处。存放期间，应经常检查，若嗅到袋口处有氨气味，应重新扎紧，发现塑料袋有破损，要及时用胶带封严。

（三）影响氨化效果的因素

1. 秸秆的质量

氨化的原料，主要有禾本科作物及牧草的秸秆。所选用的秸秆必须无发霉变质。最好将收获籽实后的秸秆及时进行氨化处理，以免堆积时间过长而霉烂变质。一般说来，品质差的秸秆，氨化后可明显提高消化率，增加非蛋白氮含量。

2. 氨源的用量

根据具体的氨源种类来确定使用量。用量过小，达不到氨化的效果；用量过大，会造成浪费。氨的用量，一般以秸秆干物质重的3%为宜。

3. 秸秆含水量

含水量过低，水都吸附在秸秆中，没有足够的水充当氨的载体，氨化效果差。含水量过高，不但开窖后需延长晾晒时间，而且由于氨浓度低而会引起秸秆发霉变质。水是氨的载体，氨与水结合成氢氧化铵，其中 NH_4^+ 和 OH^- 分别对提高秸秆的含氮量和消化率起作用。因而，必须有适当的水分，一般以25%~35%为宜。

水在秸秆中的均匀分布，也是影响氨化结果的因素，如上层过干，下层积水，都会妨碍氨化的效果

4. 氨化时间与温度

秸秆氨化一定时间后，就可饲用。氨化时间的长短要根据气温而定。气温为20~30℃，需7~14天；气温高于30℃，只需5~7天。

5. 秸秆的粒度

用尿素或碳酸氢铵进行氨化，秸秆铡得越短越好，用粉碎机粉碎成粗草粉效果最好。用液氨进行氨化时，粒度应大一点；过小则不利于充氨。麦秸完全可以不铡。

（四）氨化秸秆的饲喂

1. 品质检验

氨化秸秆在饲喂之前，应进行品质检验，以确定它能否作为饲喂家畜的饲料。

（1）质地　氨化秸秆柔软蓬松，用手紧握没有明显的扎手感。

（2）颜色　不同秸秆氨化后，其颜色与原色相比，都有一定的变化。经氨化的麦秸，颜色为杏黄色，未氨化的麦秸为灰黄色；氨化的玉米秸为褐色，其原色为黄褐色。

（3）pH 值　氨化秸秆偏碱性，pH 值为 8 左右；未氨化的秸秆偏酸性，pH 值为 5.7 左右。

（4）发霉情况　一般氨化秸秆不易发霉，因加入的氨具有防霉杀菌作用。有时有局部发霉现象，但内部秸秆仍可用于饲喂。若大部分已发霉，则不能饲喂家畜。

（5）气味氨化成功的秸秆，一般都有烟香味和刺鼻的氨味。氨化玉米秸的气味略有不同，既具有青贮的酸香味，又有刺鼻的氨味。

2. 饲喂

氨化设备开封后，经品质检验合格的氨化秸秆，需放氨1~2天，待消除氨味后，方可饲喂。放氨时，应将刚取出的氨化秸秆放置在远离畜圈和住所的地方，以免释放出的氨气刺激人畜呼吸道和影响家畜食欲。秸秆湿度较小，天气寒冷，通风时间应稍长。取喂时，应将每天饲喂的氨化秸秆，提前1~2天取出放氨，其余的再密封起来，以防放氨后含水量仍很高的氨化秸秆，在短期内饲喂不完而发霉变质。

氨化秸秆只适用于反刍家畜牛、羊，不适宜喂单胃家畜马、骡、驴、猪。初喂氨化秸秆时，家畜不适应，需在饲喂氨化秸秆的第一天，将1/3的氨化秸秆与2/3的未氨化秸秆混合饲喂，以后逐渐增加。数日后，家畜则不再愿意采食未氨化秸秆。

氨化秸秆的饲喂量，一般可占牛、羊日粮的70%~80%。这一喂量对牛、羊的增重、维持过冬、产羔及羊羔初生重等方面的效果均较好。在其他饲料相同的情况下，奶牛饲喂氨化秸秆比对照提高产奶量约10%，且氨化秸秆为奶牛提供了优质纤维，使泌乳初期和放牧饲养的奶牛保持高乳脂率，牛奶没有任何异常味道；用氨化秸秆饲喂阉牛、犊牛和羊，要比对照组日增重提高30%~80%，提高屠宰率2%~4%。

为使家畜获取的营养趋于平衡，在饲喂氨化秸秆的同时，应尽可能注意维生素、矿质元素和能量的补充，以便取得更好的饲养效果。

（五）氨化注意事项

1. **注意防爆**

液氨遇火容易引起爆炸。因此，要经常检查贮氨容器的密封性。在运输、贮藏过程中，要严防泄漏、烈日暴晒和碰撞，并远离火源，严禁吸烟。

2. **操作要迅速**

氨化时操作要快，最好当天完成充氨和密封，否则将造成氨气挥发或秸秆霉变。

3. **及时排除故障**

要经常检查，如发现塑料膜的破漏现象，应立即粘好。

4. **做好防护工作**

氨水和液氨有腐蚀性，操作时应做好防护，以免伤及眼睛和皮肤。

第五节　犊牛的育肥

犊牛肥育又称小肥牛肥育，是指犊牛出生后 5 个月内，在特殊饲养条件下，育肥至 90~150 千克时屠宰，生产出风味独特，肉质鲜嫩、多汁的高档犊牛肉。犊牛肥育以全乳或代乳品为饲料，在缺铁条件下饲养，肉色很淡，故又称"白牛"生产。

一、犊牛的选择

1. 品种

一般利用奶牛业中不作种用公犊进行犊牛育肥。在我国，多数地区以黑白花奶牛公犊为主，主要原因是黑白花奶牛公犊前期生长快、育肥成本低，且便于组织生产。

2. 性别、年龄与体重

一般选择初生重不低于 35 千克、无缺损、健康状况良好的初生公牛犊。

3. 体形外貌

选择头方大、前管围粗壮、蹄大的犊牛。

二、饲养管理技术

1. 饲料

由于犊牛吃了草料后肉色会变暗，不受消费者欢迎，为此犊牛肥育不能大量饲喂精料、粗料，应以全乳或代乳品为饲料或直接使用犊牛颗粒饲料。

以代乳品为饲料的参考配方如下。

配方 1：脱脂乳 60%~70%、乳清 15%~20%、玉米粉 20%~25%，矿物质、微量元素 2%。

配方 2：脱脂奶粉 60%~70%、豆饼（粕）5%~10%、玉米粉 10%~15%、油脂 5%~10%。

2. 饲喂

犊牛的饲喂应实行计划采食。

1~2 周龄代乳品温度为 38℃左右，以后为 30~35℃。

饲喂全乳，也要加喂油脂。为更好地消化脂肪，可将牛乳均质化，使脂肪球变小，如能喂当地的黄牛乳、水牛乳，效果会更好。刚开始饲喂应用奶嘴，适应后喂汤状或糊状料，日喂2~3次，日喂量最初3~4千克，以后逐渐增加到8~10千克，4周龄后喂到能吃多少吃多少。

3. 管理

严格控制饲料和水中铁的含量，强迫牛在缺铁条件下生长；控制牛与泥土、草料的接触，牛栏地板尽量采用漏粪地板，如果是水泥地面应加垫料，垫料要用锯末，不要用秸秆、稻草，以防采食；饮水充足，定时定量；有条件的，犊牛应单独饲养，如果几个犊牛圈养，应带笼嘴，以防吸吮耳朵或其他部位；舍温要保持在20℃以下，14℃以上，通风良好；要吃足初乳，最初几天还要在每千克代乳品中添加40毫克/千克抗生素和维生素A、维生素D、维生素E，2~3周要经常检查体温和采食量，以防发病。

4. 屠宰月龄与体重

犊牛饲喂到1.5~2月龄，体重达到90千克时即可屠宰。如果犊牛增长率很好，进一步饲喂到3~4个月龄，体重170千克时屠宰，也可获得较好效果。但屠宰月龄超过5月龄以后，单靠牛乳或代乳品增长率就差了，且年龄越大，牛肉越显红色，肉质较差。

第三篇
羊健康养殖与高效生产

第一章
场址选择与羊舍设计

第一节　场址选择的基本原则

规模养羊，场址的选择十分重要。羊场场址选择时，应根据经营方式、生产特点（种羊场或商品羊场）、饲养管理方式（舍饲或放牧）以及集约化程度等基本特点，对地势、地形、土质、水源以及居民点配置、交通、电力、物资供应等条件进行全面考虑、统筹安排，要适应养羊业的长远发展。场址选择应遵循的基本原则如下。

一、羊场要远离居民点，土质最好为沙壤土

建场前应对当地的疫情进行详细的调查，切忌在传染病疫区建场。场址选择地要不受周围居民点等环境的污染，同时，羊场也不能成为周围居民点、水源地的污染源。为防止疫病的传播，羊场距离公路、铁路等交通干道、居民点和其他畜群，应保持 500 米以上的距离。另外，羊场的土质应坚实，具有均匀的可压缩性，最好是透气、渗水的沙壤土，因为沙壤土透水透气性良好，持水性差，有利于排出积水和防潮，因而雨后不会泥泞，易于保持适当的干燥环境，防止病原菌、蚊蝇、寄生虫卵等生存和繁殖，同时也利于土壤本身的自净。

二、地势高燥且自然生态条件符合品种要求

羊喜干厌湿，若生活在潮湿的环境中，容易感染寄生虫病及腐蹄病，影响生长发育和健康，因此羊场应建在地势较高、排水良好、通风干燥的平坦地带。朝向以坐北向南或偏东 5°~10° 为宜，即场地高于周围地势，地下水位在

2米以下，不宜在低洼涝地、山洪水道、冬季风口、泥石流通道等处修建羊舍。

三、地形开阔整齐，平坦向阳

地形要求开阔整齐，有一定的发展余地。若在山区坡地修建羊场，应选择坡度平缓、向南或向东南倾斜处，以利于阳光照射和通风透光。如果是为引进新品种修建羊场，场址地域的自然生态条件应与原品种产地的自然条件一致或接近。

四、饲草来源充足且保证水源清洁

羊是草食家畜，所需的饲草饲料总量较多，因此要有充足的饲料来源。以舍饲为主的农区，要有足够的饲草、饲料来源，在北方牧区和南方草山、草地区域，要有充足的放牧场地及较大面积的人工草场。特别注意应能为繁殖母羊准备足够的越冬干草和青绿多汁饲料。羊场应有充足和清洁的水源，且要求取用方便，设备投资少。水量要能保证场内职工用水、羊群饮水和消毒用水。一般羊的需水量是舍饲大于放牧，夏季大于冬季。羔羊与成年羊的需水量分别为每只每天5升和10升。水质必须符合畜禽饮水的卫生标准，以泉水、井水和自来水较理想，切忌在水源不足或受到严重污染的地方建场。

五、交通与通信方便且能源供应充足

为了保证畜产品的加工运输和饲草饲料加工以及应用养羊新技术、新设备，羊场应建在作物种植区附近，并具有一定的交通、通信及电力条件的地方，电力负荷能满足生产需要和稳定供应，山区建场更应注意这个问题。

六、有利于产品销售和加工

羊场的选址既要与当地畜牧业发展规划和生态环境条件相适应，又要考虑养羊业发展趋势和市场需求的变化，以便扩大生产规模和调整生产结构。此外，种羊场最好建在养羊生产基础较好的地区，以便于就近推广和组织生产，有利于产品的销售与加工。

七、生态环保

充分了解当地疫情，不能在传染病和寄生虫病的疫区建场。同时，羊场也不能成为周围居民点的污染源。一旦发生疫情，便于进行隔离封锁。羊场应积

极采取措施，对产生的废弃物进行综合利用，实现污染物的资源化利用。如废水不得排入敏感水域和有特殊功能的水域，应坚持种养结合的原则，经无害化处理后尽量充分还田；为了防止粪便污染环境，充分利用粪便中丰富的营养和能量资源，应当采用干燥或发酵等方法对羊粪进行无害化处理。病死羊尸体含有大量病原体，只有及时经无害化处理，才能防止各种疫病的传播与流行。严禁随意丢弃、出售或作为饲料。根据疾病种类和性质不同，按《病害动物和病害动物产品生物安全处理规程》（GB 16548—2006）规定，采用适宜方法处理病死羊尸体。

第二节　羊场规划

一、羊场的规划布局原则

① 应体现建场方针、任务，在满足生产要求的前提下，做到节约用地，少占或不占可耕地。

② 在发展大型集约化羊场时，应当全面考虑粪便和污水的处理和利用。

③ 因地制宜，合理利用地形地物。根据地势的高低、水流方向和主导风向，按人、羊、污的顺序，将各种房舍和建筑设施按其环境卫生条件的需要给予排列（图 3-1-1）。并考虑人的工作环境和生活区的环境保护，使其尽量不受饲料粉尘、粪便气味和其他废弃物的污染。有效地利用原有道路、供水、供电线路以及原有建筑物等。

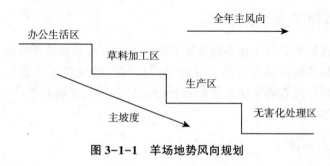

图 3-1-1　羊场地势风向规划

④ 应充分考虑今后的发展，在规划时要留有余地，对生产区的规划更应

注意。

二、羊场的分区规划

在羊场总体规划布局时，通常将羊场分为3功能区：生产区、管理区和隔离区。分区规划时，既要考虑卫生防疫条件，又要照顾各区间的相互联系。因此，在羊场布局上要着重解决主导风向、地形和各区建筑物之间的距离。

首先从家畜保健角度出发，以建立最佳的生产联系和卫生防疫条件，来安排各区位置，一般按主风向和坡度的走向依次排列顺序为：生活区、办公管理区、饲草饲料加工贮藏区、消毒间（过往行人、车消毒，饲养用具消毒，羊春秋药浴、夏季冲凉降温，治疗皮肤病等作用）、羊舍、病羊管理区、隔离室、治疗室、无害化处理设施、沼气池、晒草场、贮草棚等。各区之间应有一定的安全距离，最好间隔300米，同时，应防止生活区和管理区的污水流入生产区。

生产区是全场的主体和核心，主要是各类羊舍和饲料饲草贮存、加工、调制建筑物等。生产区的羊舍布局由南向北依次按产羔室、羔羊舍、育成羊舍、成年羊舍的顺序安排，避免成年羊对羔羊有可能造成的感染。生产区入口处必须设置洗澡间和消毒池。在生产区内应按规模大小、饲养批次的不同，将其分成几个小区，各小区之间应相隔一定的距离。生产区内饲料供应、贮存、加工调制等建筑物的位置一般应配置在地势较高的下风处，既方便饲料饲草的运入又方便分送到各羊舍，同时，外界车辆又不进入生产区内。干草、垫草的堆贮点与其他建筑保持至少60米的安全防火距离。

管理区包括与经营管理有关的建筑物，羊的产品加工、贮存和农副产品加工建筑物，以及职工生活福利建筑物与设施等。其经营活动与社会经常发生极密切的关系，因此该区位置设在靠近交通干线、输电线的地方，应有效利用原有的道路和输电线路。

隔离区包括病羊管理区、兽医室、隔离室等，应设在下风口或地势较低的地方，并与羊舍保持300米的卫生间距。羊粪尿及其他废弃物的堆放，既要便于从羊舍运出，又要便于运到田间施用；同时，堆放期间又不致造成环境污染和滋生蝇、虻等。除兽医诊疗室外，病羊隔离舍应尽可能与外界隔绝，设单独的通路与出入口；并设置尸体坑和渗井，防止疫病蔓延和该区污水废弃物对环境的污染，尸体坑应距离羊舍至少300米。

三、羊舍建筑的合理布局

一般养羊生产过程包括种羊的饲养管理与繁殖，幼羊的培育，商品羊的饲养管理与肥育，饲草饲料的运进、贮存、加工调制与分发，羊舍粪尿的清除、运走和堆贮，产品的加工、保存与运送，疫病的防治等。这些过程均在不同建筑物中进行，彼此发生功能关系。

羊场的建筑布局必须根据彼此的功能来统筹安排布置。尽量做到既配置紧凑、少占地，又能达到卫生、防火的安全要求；既确保最短的运输、供电、供水线路，又能便于形成流水作业，实现专业有序的生产过程。所有具有相同功能的建筑物应尽可能靠近或集中在一个或多个建筑物内。电源、供水和供暖设施应位于生产区域的中心；道路应直线铺设，以缩短地上、地下、管道和交通运输线。羊舍应平行整齐排列，需饲料最多的羊舍应靠近饲料准备室。

应合理利用地形地貌，主导风向和光照条件。坡地的利用有利于排水和供水，有利于运输过程中重载的下坡，降低劳动强度，提高运输效率。地形若有起伏，在寒冷地区，可以使用局部隆起高地挡风，而在炎热地区，应选择开阔区域进行通风。羊舍的朝向也应与地形和主导风向相结合，应根据当地情况加以考虑和利用。由于我国位于北纬 20°~50°，因此冬季太阳高度角较小，夏季较大。故羊舍采取南向，冬季有利于阳光照入舍内提高舍温，夏季可防止强烈的太阳照射，以免引起舍内温度增高。全国各地均以羊舍南向配置为好，且根据当地情况，考虑主风及地形等实际条件，向东或向西偏转 15°配置。

四、羊用运动场与场内道路的设置

一般羊用运动场应选择背风向阳的地方，要平坦，稍有坡度，以便排水和保持干燥。面积为每只成年羊 4 米^2。四周应设置 1.2~1.5 米的围栏或围墙，一般利用羊舍间距，既节省地方又减少投资，若受地形限制也可在羊舍两侧或场内较开阔地方设置运动场。在运动场的两侧（一般为西侧及南侧）应设置遮阳棚或种植树木，以减少夏季烈日暴晒。运动场围栏外侧应设排水沟。场内道路路面要求坚实，有一定坡度，排水良好，根据实际情况设定道路的宽窄，既方便运输又符合防疫要求。一般要求运送草料、畜产品的道路不与运送粪污的道路通用或交叉，实行污道、净道分离。兽医建筑物有单独的道路，不与其他道路通用或交叉。

总之，羊场的规划布局只能根据现场的具体条件、经营方向、饲养管理特点等，遵照基本原则、因地制宜地制订，不应生搬硬套现成的模式。

🖋 第三节　羊舍的建筑要求

一、羊舍建筑的基本结构

（一）地面

通常称为羊床，是羊躺卧休息、排泄和生产的地方。地面的保暖和卫生状况很重要。羊舍地面有实地面和漏缝地面两种类型。实地面又以建筑材料不同有夯实黏土、三合土（石灰∶碎石∶黏土为1∶2∶4）、石地、混凝土、砖地、水泥地、木质地面等。黏土地面易于去表换新，造价低廉，但易潮湿和不便消毒，干燥地区可采用，三合土较黏土地面好。石地面和水泥地面不保温、太硬，但便于清扫与消毒。砖地面和木质地面，保暖也便于清扫与消毒，但成本较高，适合于寒冷地区。饲料间、人工授精室、产羔室可用水泥或砖铺地面，以便消毒。漏缝地面能给羊提供干燥的卧地，国外常见，国内亚热带地区新区养羊已普遍采用。

（二）墙壁

气温高的地区，可以建造简易的棚舍或半开放式羊舍。气温低的地区，墙壁要有较好的隔热能力，可以用加厚墙、空心砖或在中间填充稻糠、麦秸之类的隔热材料。

（三）屋顶

屋顶的种类繁多，在羊舍建筑中常采用双坡式，但也可以根据羊舍实际情况和当地的气候条件采用单坡式、联合式、钟楼式、半钟楼式等。单坡式羊舍，跨度小，自然采光好，适用于小规模羊群和简易羊舍；双坡式羊舍，跨度大，保温能力强，但自然采光、通风差，适用于寒冷地区，也是最常用的一种类型。在寒冷地区还可以选用平顶式、联合式等类型，在炎热地区可选用钟楼式或半钟楼式。

在寒冷地区可加天棚，其上可贮存冬草，并能增强羊舍保温性能。羊舍净高（地面到天棚的高度）2~2.4米，在寒冷地区可适当降低净高。单坡式羊舍，一般前高2.2~2.5米，后高1.7~2米，屋顶斜面呈45°角。

（四）运动场

呈"一"字排列的羊舍，运动场一般设在羊舍的南面，低于羊舍地面 60 厘米以下，向南缓缓倾斜，以沙质壤土为好，便于排水和保持干燥。周围设围栏，围栏高度 1.5~1.8 米。

二、羊舍的基本类型

羊场羊舍建筑类型依据气候条件、饲养要求、建筑场地、建材选用、传统习惯和经济实力的不同而不同。按羊床在舍内的排列可分为单列式、双列式；按羊舍长轴一侧是否有墙壁和其高度可分为敞开式、半敞开式和封闭式；按屋顶样式可分为单坡式、双坡式、圆拱式、半钟楼式、钟楼式等。

（一）棚舍式羊舍

棚舍式羊舍适宜在气候温暖的地区采用。特点是造价低、光线充足、通风良好。夏季可作为凉棚，雪雨天可作为补饲的场所。这种羊舍三面有墙，羊棚的开口在向阳面，前面为运动场。羊群冬季夜间进入棚舍内，平时在运动场过夜。

（二）窑洞式的羊舍

窑洞式羊舍适宜于土质比较好的地区，特别是在山区使用。其特点是造价低，建筑方便，经久耐用，羊舍温度和湿度比较恒定，还有利于积粪。这种羊舍冬暖、夏凉，舍内的温度变化范围小。其缺点是采光不足和通风性能差。若在建造时增加门窗的面积，并在窑洞的顶上开通风孔，可弥补这些不足。

（三）楼式羊舍

其羊床多以木条、竹片为建筑材料，间隙 1~1.5 厘米，距地面高度 1.5 米。羊舍的南面或南北两面，一般只有 1 米高的墙，舍门宽 1.5~2 米。运动场在羊舍南面，其面积为羊舍的 2~2.5 倍。若将这类羊舍稍作修改，即将楼板距地面高度增至 2.5 米，则使用更为方便。干燥少雨季节，羊住楼下，既可防热，又可将干草贮存于楼上；梅雨季节，将羊只饲养于楼上，以防潮湿（图 3-1-2）。

另外，草山草坡较多的地区适应这类地形地势条件，也可因地制宜地借助缓坡地修建楼式羊舍。修建此类羊舍的山地坡度为 20°左右，羊舍离地面高度为 1.2 米，羊舍地面采用漏缝地板，屋顶用石棉瓦覆盖，四周用木条和竹片修建。由于羊舍背依山坡，因而应修建排水沟，以防雨水冲毁羊舍。这种羊舍结构简单、投资较少、通风防潮、防暑降温、清洁卫生、无粪尿污染，适合于天

图 3-1-2 楼式羊舍

气炎热、多雨潮湿、缓坡草地面积较大的地区（图3-1-3）。

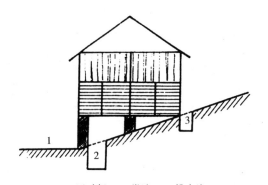

1. 运动场；2. 粪池；3. 排水沟

图 3-1-3 山区简易楼式羊舍

（四）房屋式

房屋式羊舍是羊场和农民普遍采用的羊舍类型之一。在炎热地区为羊只怀孕产羔期所使用，饮水、补饲多在运动场内进行，室内不设其他设备。羊舍多为砖木结构，建筑也多采用长方形式（图3-1-4）。

（五）开放、半开放单坡式羊舍

这种羊舍由开放和半开放舍两部分组成，羊舍排列成"厂"字形，羊可以在两种羊舍中自由活动。在半开放羊舍中，可用活动围栏临时隔出或分隔出固定的母羊分娩栏。这种羊舍适合于炎热或当前经济较落后的牧区（图3-1-5）。

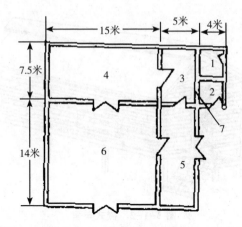

1. 饲料室；2. 饲养员室；3. 产羔圈；4. 母羊圈；5. 羔羊运动场；

6. 母羊运动场；7. 观察窗

图 3-1-4 房屋式羊舍结构示意

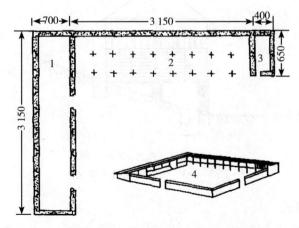

1. 半开放羊舍；2. 开放羊舍；3. 工作室；4. 运动场

图 3-1-5 开放和半开放结合单坡式羊舍（厘米）

（六）塑料大棚式羊舍

塑料大棚式羊舍是将房屋式和棚舍式羊舍的屋顶部分用塑料薄膜代替而建设的一种羊舍。这种羊舍主要在我国北方冬季寒冷地区使用，具有经济适用、采光保暖性能好的特点。它可以利用太阳的光能使羊舍的温度升高，又能保留羊体产生的温度，使羊舍内的温度保持在一定的范围内，可以防止羊体热量的散失，提高羊的饲料利用效果和生产性能。

第四节　羊舍主要设施

一、饲料加工房与贮草棚（房）

羊场无论大小都要有建筑面积不同的饲料加工房和贮草棚。

（一）饲料加工房与饲料库

一般把饲料加工房与饲料库合建为一栋房，建设形式为封闭式或半敞开式，要求地面及墙壁平整，房内（库内）通风良好，干燥，清洁，四周应设排水沟。饲料加工房与饲料库的建筑面积根据羊场规模来定，一般要求在 50~100 米^2，规模较大的羊场为 100~200 米^2。

（二）贮草棚（房）

羊场应建有贮草棚（房），用于贮备青干草或农作物秸秆。贮草棚（房）的地面应高出外面地面一定高度，有条件的羊场离羊舍 50~100 米的适当位置，可建成半开放式的双坡式或半圆式贮草棚，面积在 100~200 米^2，高度在 3~5 米。四周的墙敞开或用砖砌墙，屋顶用石棉瓦覆盖即可，这样的贮草棚（房）防雨防潮的效果更好。贮草棚（房）内的青干草或秸秆下面最好能用木架等物垫起，草堆与地面之间应有通风孔，这样可防止饲草霉变。

二、青贮设备

青贮的设备设施种类有很多，主要有青贮窖、塔、池、袋、箱、壕及平地的青贮。青贮设备可采用土窖、砖砌、钢筋混凝土，也可用塑料制品、木制品或钢材制作。由于青贮过程中要产生较多的有机酸，因此永久性的青贮设备就要作防腐处理。青贮设备不论其结构、材质如何，只要能达到密闭、抗压、承重及装卸方便即可。具体参见第一篇第四章第二节内容。

三、水井

如果羊场无自来水，应挖掘水井。水井应离羊舍 100 米以上。为保护水源不受污染，水井应设在羊场污染源的上坡上风方向，井口应高出地平面，并加盖，井口周围修建井台和围栏。

四、饲槽、水槽

（一）饲槽

饲槽主要用来饲喂精料、颗粒料、青贮料、青草或干草。根据建造方式主要可分为固定式和移动式两种。另外要在运动场设置水槽，可用水泥制成，形状大小同饲槽。

固定式饲槽依墙或在场中间用砖、石、水泥等砌成的一行或几行固定式饲槽，要求上宽下窄，槽底呈现圆形（图3-1-6）。

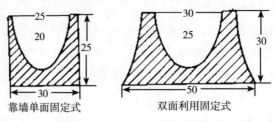

靠墙单面固定式　　　　双面利用固定式

图3-1-6　固定式饲槽（厘米）

移动式饲槽多用木料或铁皮制作，具有移动方便、存放灵活的特点。

（二）水槽

在羊的运动场的中间可以设固定式的水槽或放置水盆，供羊饮水用（图3-1-7）。

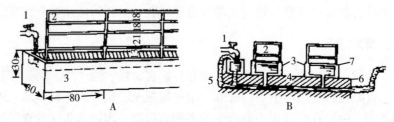

A. 水沟式；B. 连通式

1. 水龙头；2. 羊栏；3. 水槽；4. 水管；

5. 软管（水位控制及排污水用）；6. 地平线；7. 水平线

图3-1-7　水槽（厘米）

五、饲草架

饲草架是喂粗饲料、青绿饲草的专用设备。它可以减少饲草浪费，避免羊毛污染。各地饲草架的形状及大小不尽一致，有靠墙设置固定的单面草架，也有在运动场中央设置的双面草架。活动式草架多采用木料制作（也可用厚铁皮），有的同时还可用于补饲精料。

草料架形式多种多样。有专供喂粗料的草架，有供喂粗料和精料两用的联合草料架，有专供喂精料用的料槽。添设料架总的要求是不使羊只采食时相互干扰，不使羊脚踏入草料架内，不使架内草料落在羊身上影响到羊毛质量，一般在羊栏上用木条做成倒三角形的草架，木条间隔一般为9~10厘米，让羊在草架外吃草，可减少浪费，避免草料污染（图3-1-8）。

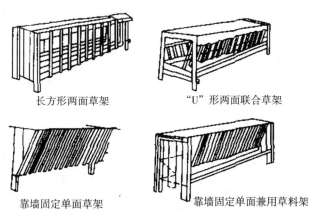

长方形两面草架　　　　　"U"形两面联合草架

靠墙固定单面草架　　　　靠墙固定单面兼用草料架

图3-1-8　草架

六、分羊栏

分羊栏供羊分群、鉴定、防疫、驱虫、测重、打号等生产技术性活动使用。分羊栏由许多栅板连结而成。在羊群的入口处成为喇叭形，中部为一小通道，可容许羊单行前进。沿通道一侧或两侧，可根据需要设置3~4个可以向两边开门的小圈。利用这一设备，就可以把羊群分成所需的若干小群（图3-1-9）。

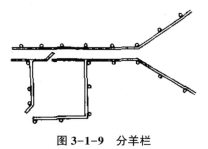

图3-1-9　分羊栏

七、活动围栏

活动栏可供随时分隔羊群之用。在产羔时，也可以用活动围栏临时间隔为母子小圈、中圈等。通常有重叠围栏、折叠围栏和铁管钢筋棍制作的等几种类型（图 3-1-10、图 3-1-11、图 3-1-12）。

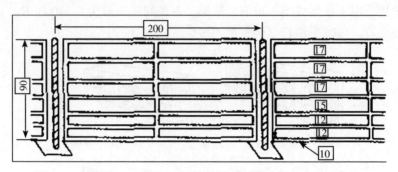

图 3-1-10　隔栏（厘米）

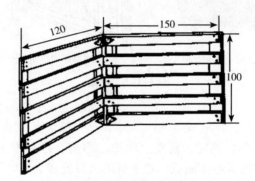

图 3-1-11　木质活动栅栏

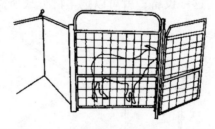

图 3-1-12　澳式铁网、铁板活动羊栏结构

八、栏杆与颈夹

羊舍内的栏杆，材料可用木料，也可用钢筋，形状多样，公羊栏杆高 1.2~1.3 米，母羊 1.1~1.2 米，羔羊 1.0 米，靠饲槽部分的栏杆，每隔 30~50 厘米的距离，要留一个羊头能伸出去的空隙，该空隙上宽下窄，母羊上部宽为 15 厘米，下部宽为 10 厘米，公羊为 19 厘米与 14 厘米，羔羊为 12 厘米与 7 厘米。

每 10~30 只羊可安装一个颈夹，以防止羊只在喂料时抢食和有利于打针、修蹄、检查羊只时保定，项夹可上下移动也可左右移动（图 3-1-13、图 3-1-14）。

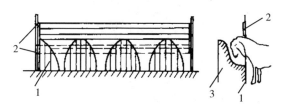

1. 铁制羊栏；2. 活动铁框；3. 水泥砖饲槽

图 3-1-13　铁制羊栏颈夹示意

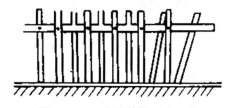

图 3-1-14　木制羊栏颈夹示意

九、药浴设备

（一）大型药浴池

大型药浴池可供大中型肉羊场或肉羊较集中的乡村药浴使用，一般小型肉羊场不建议使用。这种药浴池用水泥、砖、石等材料砌成为长方形，似狭长而深的水沟。长 10~12 米，池顶宽 60~80 厘米，池底宽 40~60 厘米，以羊能通过不能转身为准，深 1.0~1.2 米。入口处设漏斗形围栏，使羊依顺序进入药浴池。浴池入口呈陡坡，羊走入时可迅速滑入池中，出口有一定倾斜坡度，斜坡上有小台阶或横木条，其作用一是不使羊滑倒；二是羊在斜坡上停留一些时间，使身上残存的药液流回药浴池（图 3-1-15、图 3-1-16）。

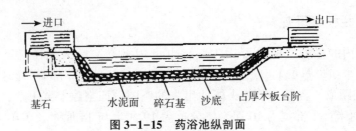

图 3-1-15 药浴池纵剖面

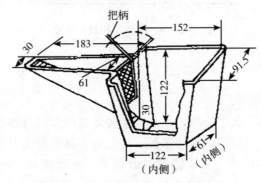

图 3-1-16 药浴池横剖面

（二）小型药浴槽、浴桶、浴缸

小型浴槽液量约为 1 400 升，可同时将两只成年羊（小羊 3~4 只）一起药浴，并可用门的开闭来调节入浴时间（图 3-1-17）。这种类型适宜小型羊场使用。

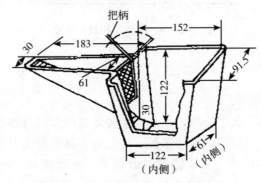

图 3-1-17 小型药浴槽（厘米）

（三）帆布药浴池

用防水性能良好的帆布加工制作而成，直角梯形，上边长 3.0 米、下边长 2.0 米，深 1.2 米、宽 0.7 米，外侧固定套环。安装前按浴池的大小形状挖一土坑，然后放入帆布药浴池，四边的套环用铁钉固定，加入药液即可进行工作。用后洗净，晒干，以后再用。这种设备体积小、轻便，可以反复使用。

十、饲草、饲料加工设备

饲养肉羊要达到优质、高效、规模化养羊生产，配置必要的养羊机械，方可提高劳动效率，降低生产成本。

（一）切草机

切草机主要用于切短茎秆类饲草，以提高秸秆饲料的采食利用率。按机型可分为大、中、小型，按照切割部件不同，可分为滚刀式切碎机、圆盘式切碎机两种。以滚刀式切草机为例，其工作程序是：切草时，人工填料入输送链，由上、下喂入辊作相反方向转动，夹紧喂入的饲草向前移动，由转动的滚动上的动刀片和底刀板上的定刀片摩擦产生切割作用，把饲草切成碎节，由风扇送出。

（二）粉碎机

粉碎机主要用于对粗饲料和精饲料的粉碎，是舍饲养羊必备的饲料加工设备。常用的饲料粉碎机为锤片式粉碎机，粉碎机底部安有筛片，通过筛片上孔的大小来控制饲料粒度的大小。当粉碎玉米秸秆时，筛片上的孔可以稍大些，孔径可在 10~15 毫米；粉碎精饲料时孔径稍小些。对羊的饲料粒度要大一些。

（三）颗粒饲料机

颗粒饲料机是一种可将混合饲料制成颗粒状饲料的加工设备。精饲料经粉碎后可以和精饲料、微量元素饲料、矿物质饲料等混合后制成颗粒，不仅可以提高饲料利用率，有利于咀嚼和改善适口性，防止羊挑食，减少饲料的浪费，而且还具有体积小、运输方便、易贮存等优点。

第二章
羊的主要品种

第一节　我国主要绵羊和山羊品种

一、我国主要绵羊品种

1. 细毛羊品种

我国细毛羊品种主要有新疆毛肉兼用细毛羊（新疆细毛羊）、东北毛肉兼用细毛羊（东北细毛羊）、中国美利奴羊（中美羊）、青海毛肉兼用细毛羊（青海细毛羊）、内蒙古毛肉兼用细毛羊（内蒙古细毛羊）、甘肃高山细毛羊、山西细毛羊、敖汉细毛羊、鄂尔多斯细毛羊等。

2. 半细毛羊品种

青海高原毛肉兼用半细毛羊（青海半细毛羊）、云南半细毛羊等。

3. 粗毛羊品种

蒙古羊、西藏羊、哈萨克羊、和田羊等。

4. 肉用羊品种

小尾寒羊、阿勒泰羊、乌珠穆沁羊、同羊、大尾寒羊等。

5. 羔皮羊品种

湖羊、中国克拉库尔羊等。

6. 裘皮羊品种

滩羊、岷县黑裘皮羊等。

二、我国主要山羊品种

1. 肉用山羊品种

南江黄羊、马头山羊、成都麻羊、雷州山羊、隆林山羊等。

2. 绒用山羊品种

辽宁绒山羊、内蒙古白绒山羊、罕山白绒山羊、河西绒山羊等。

3. 乳用山羊品种

崂山奶山羊、关中奶山羊等。

4. 毛皮用山羊品种

济宁青山羊、中卫山羊等

5. 普通山羊品种

新疆山羊、西藏山羊、黄淮山羊、建昌黑山羊等。

第二节　国外主要绵羊和山羊品种

一、国外主要绵羊品种

1. 细毛羊品种

澳洲美利奴羊、波尔华斯羊、高加索细毛羊、苏联美利奴羊、考摩羊等。

2. 半细毛羊品种

茨盖羊、边区莱斯特羊、林肯羊、罗姆尼羊、考力代羊等。

3. 肉用羊品种

无角陶赛特羊、夏洛莱羊、萨福克羊、特克塞尔羊、德国肉用美利奴羊、杜泊羊、兰德瑞斯羊等。

4. 乳用羊品种

东弗里生羊等。

5. 裘皮羊品种

卡拉库尔羊等。

二、国外主要山羊品种

1. 肉羊山羊品种

波尔山羊。

2. 乳用山羊品种

萨能山羊、吐根堡山羊、努比亚奶山羊等。

3. 毛用山羊品种

安哥拉山羊等。

第三章
羊的繁殖技术

第一节　羊的繁殖现象和繁殖规律

一、羊的年龄鉴别

根据牙齿的更换、磨损变化，可鉴别羊的大体年龄。

1. 乳齿和永久齿的数目

幼年羊乳齿共 20 枚，乳齿较小，颜色较白，长到一定时间后开始脱落，之后再长出的牙齿叫永久齿，共 32 枚。永久齿较乳齿大，颜色略发黄。

2. 牙齿更换、磨损与年龄变化

羊没有上门齿，有下门齿 8 枚，臼齿 24 枚，分别长在上下两边牙床上，中间的一对门齿叫切齿，从两切齿外侧依次向外形成内中间齿、外中间齿和隅齿。1 岁前，羊的门齿为乳齿，永久齿没有长出；1~1.5 岁时，乳齿的切齿更换为永久齿，称为"对牙"；2~2.5 岁时，内中间乳齿更换为永久齿，并充分发育称为"四牙"；3~3.5 岁时，外中间乳齿更换为永久齿，称为"六牙"；4~4.5 岁时，乳隅齿更换为永久齿，此时全部门齿已更换整齐，称为"齐口"；5 岁时，牙齿磨损，齿尖变平；6 岁时，齿龈凹陷，有的开始松动；7 岁时，门齿变短，齿间隙加大；8 岁时，牙齿有脱落现象。

二、性成熟和初配年龄

养羊场要做好羊的繁殖工作，专业的养羊场不可能完全购买幼羊养殖，这样成本比较大，引进的山羊对本地气候还需要一个适应的过程，容易导致夭折。作为专业的养羊场，羊繁殖交配工作要做好，以免出现漏配、交配不及时、交配失败而造成损失。

以下就羊初情期、性成熟和初次配种年龄的内容简要地进行说明。

1. 羊初情期

母羊的初情期是指母羊生殖系统机能已基本具备、首次出现发情和排卵的时期，是性成熟的初始阶段，是具有繁殖能力的开始。由于初情期母羊的发情症状不明显，常不被发现，故又称隐性发情。公羊的初情期是指其生殖系统机能基本具备、第一次能够释放出精子的时间，多数品种出现在 4~8 月龄，母羊初情期往往早于公羊。初情期以后，生殖器官的大小和重量迅速增长，性机能也随之发育。山羊初情期的早晚是由不同品种、气候、营养因素决定的。一般表现为个体小的品种初情期早于个体大的品种；南方母羊的初情期较北方母羊的早；热带羊较寒带或温带的早。早春产的母羔即可在当年秋季发情，而夏、秋产的母羔一般需到第 2 年秋季才发情，其差别较大。羊的初情期与羊的体重关系密切，并直接与生殖激素的合成和释放有关。营养良好的母羊体重增长很快，生殖器官生长发育正常，生殖激素的合成与释放不会受阻，因此其初情期表现较早，营养不足则使初情期延迟。

2. 羊性成熟期

性成熟期是指公、母羔羊的生长发育随着年龄和体重的增加，其生殖器官基本发育完全，具有了正常繁衍后代的能力。就是说，若此时的公、母羊进行交配，能够受精、妊娠、产生后代。性成熟的年龄一般为公羊 6~10 月龄，母羊 5~8 月龄。农区可常年进行繁殖的羊品种比高寒地区 1 年繁殖 1 次的羊品种性成熟年龄要早。一般羊达到性成熟时的体重为成年体重的 40%~60%。

3. 羊初次配种年龄

虽然性成熟的羊已经具备了繁殖后代的能力，但此时羊身体的生长发育尚未充分，若过早配种繁殖，不利于羊的生长发育，对以后的繁殖也会有不良影响。因此，公、母羔在断奶后，一定要分群管理，以避免偷配。初配年龄就是指羊的身体发育基本完成、能够进行正常的配种繁殖的年龄。决定初配年龄时，最好参考其体重，要求初配时的体重为成年羊的 70% 以上。如果体重过小，即使达到初配年龄也不宜配种。配种过早对母羊本身及胎儿的生长发育都有影响。早熟品种一般为 8~10 月龄，晚熟品种为 12~15 月龄。农区饲养的早熟品种，母羊可在 8~10 月龄配种，种羊场在 10~12 月龄配种，公羊在 12~15 月龄配种。

三、繁殖季节

羊的发情表现受光照长短变化的影响。同一纬度的不同季节，以及不同纬度的同一季节，由于光照条件不相同，因此羊的繁殖季节也不相同。在纬度较高的地区，光照变化较明显，因此母羊发情季节较短，而在纬度较低的地区，光照变化不明显，母羊可以全年发情配种。

母羊大量正常发情的季节，称为羊的繁殖季节。

1. 绵羊的繁殖季节

绵羊的发情表现受光照的制约，因此绵羊通常属于季节性繁殖配种的家畜。绵羊季节性发情开始于秋分，结束于春分。其繁殖季节一般是7月至翌年的1月，而发情最多最集中的时间是8—10月。繁殖季节还因是否有利于配种受胎及产羔季节是否有利于羔羊生长发育等自然选择演化形成，繁殖季节也因地区不同、品种不同而发生变化。生长在热带、亚热带地区或经过人工培育选择的绵羊，繁殖季节较长，甚至没有明显的季节性表现，我国的湖羊和小尾寒羊就可以常年发情配种。

2. 山羊的繁殖季节

山羊的发情表现受光照的影响反应没有绵羊明显，所以山羊的繁殖季节多为常年性的，一般没有限定的发情配种季节。但生长在热带、亚热带地区的山羊，5—6月因为高温的影响也表现发情较少。生活在高寒山区，未经人工选育的原始品种藏山羊的发情配种也多集中在秋季，呈明显的季节性。

3. 公羊的繁殖季节

不管是山羊还是绵羊，公羊都没有明显的繁殖季节，常年都能配种。但公羊的性欲表现，特别是精液品质，也有季节性变化的特点，一般还是秋季最好。

第二节　母羊的发情鉴定

发情是指母畜生长发育到性成熟阶段后，在繁殖季节所发生的周期性的性活动和性行为的现象。做好发情鉴定是肉羊养殖中一项非常重要的技术环节，要做好此项工作应做到专人负责并且勤观察。通过发情鉴定，可以及时发现发情母羊，根据发情的程度适时选择配种的时间，以免误配和漏配；若发现母羊发情不正常应予以及时的治疗。

由于母羊发情的持续时间较短，外部表现不太明显，不易发现，因此常使用以下几种发情鉴定方法，可以单一使用，也可以结合使用，以达到提高母羊受胎率，提高羊群繁殖速度。

一、外部观察法

直接观察母羊的精神状态、行为和生殖器官的变化来判断母羊是否发情。发情的母羊主要表现为精神亢奋、敏感，经常咩叫，反刍停止，食欲减退；喜欢接近公羊，并强烈摇动尾部，当公羊爬跨时站立不动；外阴部位充血肿胀，并分泌黏液，发情初期，黏液量少且清亮，发情中末期，黏液量多呈黏稠面糊状。

二、公羊试情法

公羊试情法通常用于规模较大、羊只数量较多的养殖户。利用试情公羊来寻找发情母羊，结合外部观察法对母羊进行发情鉴定。

试情公羊应选择体格健壮，性欲旺盛且不作为种用的 2~5 周岁公羊。为了防止试情公羊偷配母羊，要给试情公羊绑系试情布（40 厘米×40 厘米的白布），四角系上带子，捆拴在试情公羊的腹下，使其无法直接交配。也可作输精管结扎或阴茎移位手术等处理。试情公羊要单圈喂养，加强放牧和饲养，按时排精，适当休息，除试情外不得与母羊接触，隔 1 周休息 1 天或经 3 天后更换试情公羊。将试情公羊放入母羊群的试情圈中，接受公羊试情的母羊为发情母羊，表现为不动，接受爬跨，应及时做好标记和记录，挑出准备配种使用。另外，试请时注意以下几点。

① 试请时保持安静，以免影响试情公羊的性欲。

② 试情次数和时间要适宜，每次试情时间 1 小时为宜，1 天 2 次（早晨和傍晚各 1 次）。

③ 通过试情挑选出有生殖器官炎症的母羊，及时予以治疗。

④ 试情公羊与母羊的比例要合适，按每百只母羊配 2~3 只羊为宜。

三、阴道检查法

这是一种较为准确的发情鉴定方法，利用阴道开膛器通过观察母羊的阴道黏膜、分泌物和子宫颈口的变化来判断母羊是否发情。进行阴道检查前，开膛器要经过清洗、消毒、烘干后，涂上灭菌过的润滑剂或用生理盐水浸湿，然后将母羊保定好，外阴部清洗干净等待检查。阴道检查时，工作人员手持开膛器闭合前端，缓慢插入母羊阴道轻轻转动打开开膛器，用反光镜或手电筒光线检查阴道变化，检查完毕后，把开膛器稍稍合拢，但不要完全闭合，缓缓从阴道抽出。发情母羊阴唇肿大，开膣器容易插入；阴道黏膜潮红充血，表面光滑湿润，有透明黏液流出；子宫颈口充血、松弛、开张并有黏液流出。在通过外部观察法和公羊试情法发现母羊发情后，可再通过阴道检查法确定母羊是否真正发情以及何时进行配种和输精，母羊的发情鉴定常与人工授精技术结合使用。

第三节　配种方法

羊的配种方法包括自然交配和人工授精两种，自然交配又分为自由交配和人工辅助交配。一般选择早晨发情的母羊当天傍晚配种，傍晚发情的母羊第二天早晨配种。通常采用两次配种的方法，即第一次配种后，间隔 12 小时仍发情者再进行第二次配种，这样可提高母羊的受胎率。

一、自由交配

自由交配（本交）是羊养殖中最原始和最简单的配种方法。在羊的繁殖季节，将选定好的公羊放入发情的母羊群中混群放牧，一般公母比例为 1 :（30~40），任由公母羊自由交配，该配种方法简单易行，节省人力和设备，且受胎率很高，在条件较差的养殖户和小型分散的养殖场中比较适用。但是这种方法在大型规模羊场中使用起来存在很多的缺点，公、母羊混群放牧影响羊只的采食抓膘，公羊的精力消耗太大，不利于充分利用优良的种公羊，不能进行有效的选种选配；由于不知道母羊准确的配种时间，不能准确推测母羊的预产期，易造成早产以及疾病的交叉感染；所产的羔羊大小不一，谱系不清楚，从而给羔羊的管理带来困难。

二、人工辅助配种

人工辅助配种方法克服了自由配种中存在的问题，同时又节约了人工授精技术的劳动成本，需要相对较少的人力和物力的投入，是很多中小型羊场配种时首选的配种方法。人工辅助配种是在母羊的繁殖季节，每天用公羊对适繁母羊群进行试情，把挑选出来的发情母羊与指定的种公羊进行交配。配种完准确地记录公、母羊的羊号、配种日期以及母羊的预产期。此方法方便对肉羊进行管理，提高母羊的受胎率和受配头数，并且节省了公羊的精力，提高了种公羊的利用率，同时也有利于养殖场有目的地进行选种选配工作，提高后代的生产性能。

三、人工授精

人工授精是利用一定的器械采集公羊的精液，经过精液品质检查和一系列的处理后，将品质评定合格的精液适时输入发情母羊生殖道内，从而达到母羊受孕的目的。人工授精技术是近代畜牧科技的重大成就，也是当前我国推广良种、改良低产羊的重要技术措施之一。

人工授精包括准备工作、采精、精液品质检查、精液稀释及输精等主要步骤。

（一）准备工作

1. 器材准备

人工授精用到的主要器材设备包括恒温显微镜、高压灭菌锅、假阴道、假阴道内胎、假阴道外壳、输精器、羊用开腔器、输精枪、集精杯、输精架、玻璃棒、镊子、磁盘、烧杯、量筒、操作服、纱布等。凡是采精、输精以及与精液接触的一切器材都要求清洁、消毒，存放于清洁的消毒柜中，器材消毒的方法因各种器械的质地不同而不同，器械每次在使用前要用生理盐水润洗，每次用过之后要清洗干净。玻璃器材采用高压灭菌消毒 20 分钟；橡胶制品一般采用酒精消毒，先用 75% 的酒精棉球擦拭 1 遍，再用 95% 的酒精棉球擦拭 1 次，然后用生理盐水冲洗；金属器械用新洁尔灭浸泡后，用生理盐水冲洗，再用 75% 的酒精棉球擦拭 1 遍，最后用酒精灯火焰消毒；配制溶液每日高压灭菌消毒 1 次，避免爆炸瓶口要用纱布包扎；操作中用到的毛巾、纱布、台布等高压灭菌，保存于清洁的消毒柜中。

2. 场地准备

采精室、精液处理室和输精室要求地面平整，光线充足，空气清新，减少尘土飞扬，有利于工作。采精室面积为 8~12 米^2，输精室 20 米^{2}左右，室温为 18~25℃。也可选择宽敞、平坦、清洁、安静的室外场所。日常消毒用 1% 新洁尔灭或 1% 高锰酸钾溶液进行喷洒消毒，每日于采精前和采精后各进行 1 次。每星期对采精室进行 1 次熏蒸消毒，所用药品是 40% 的甲醛溶液 500 毫升，高锰酸钾 250 克。

3. 台羊准备

台羊是用来让公羊进行爬跨、采精的支架，选用发情明显的健康、体壮、大小适中的母羊作为台羊，也可用固定在地面上的假台羊采精。不可选择不发情的母羊，其好动不利于采精。选择好台羊后，将台羊外阴部用2%来苏尔溶液消毒，再用温水冲洗干净并擦干。同时做好公羊的清洁工作，刷拭采精公羊体表和下腹部，将包皮周围的长毛剪去，挤出包皮腔内积尿和污物，用0.1%高锰酸钾溶液或无菌生理盐水冲洗下腹部并擦干。

4. 假阴道准备

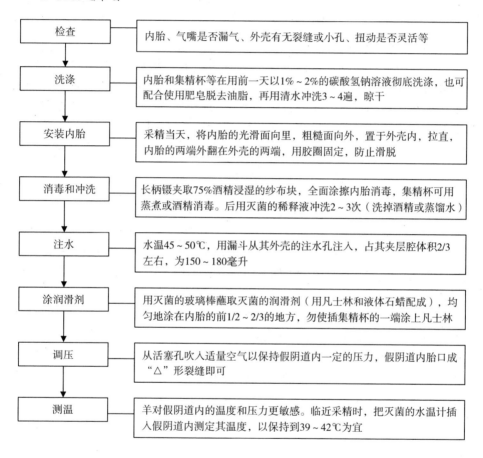

检查	内胎、气嘴是否漏气、外壳有无裂缝或小孔、扭动是否灵活等
洗涤	内胎和集精杯等在用前一天以1%～2%的碳酸氢钠溶液彻底洗涤，也可配合使用肥皂脱去油脂，再用清水冲洗3～4遍，晾干
安装内胎	采精当天，将内胎的光滑面向里，粗糙面向外，置于外壳内，拉直，内胎的两端外翻在外壳的两端，用胶圈固定，防止滑脱
消毒和冲洗	长柄镊夹取75%酒精浸湿的纱布块，全面涂擦内胎消毒，集精杯可用蒸煮或酒精消毒。后用灭菌的稀释液冲洗2～3次（洗掉酒精或蒸馏水）
注水	水温45～50℃，用漏斗从其外壳的注水孔注入，占其夹层腔体积2/3左右，为150～180毫升
涂润滑剂	用灭菌的玻璃棒蘸取灭菌的润滑剂（用凡士林和液体石蜡配成），均匀地涂在内胎的前1/2～2/3的地方，勿使插集精杯的一端涂上凡士林
调压	从活塞孔吹入适量空气以保持假阴道内一定的压力，假阴道内胎口成"△"形裂缝即可
测温	羊对假阴道内的温度和压力更敏感。临近采精时，把灭菌的水温计插入假阴道内测定其温度，以保持到39～42℃为宜

（二）采精

采精时，采精者蹲在台羊右后方，右手横握假阴道，气卡活塞向下，使假阴道前低后高，与母羊骨盆的水平线呈35°～40°，紧靠台羊臀部。当公羊爬跨伸出阴茎时，迅速用左手托住阴茎包皮，将阴茎导入假阴道内。当公羊猛力前冲，并弓腰后，即完成射精，全过程只有几秒钟。

随着公羊从台羊身上滑下，顺势将假阴道向下向后移动取下，并立即倒转竖立，使集精瓶一端向下，以便精液流入其中，然后打开气卡活塞放气，取下集精瓶，并盖上盖子保温（37℃水浴），避免对精子造成低温打击，标记公羊编号，送操作室检查备用。采精频率应根据配种季节、公羊生理状态等实际情况而定。在配种期间，成年种公羊每羊每天可采精 2~4 次，年轻公羊不应超过 2 次，分上午和下午进行，连用 4~5 天，休息 1 天。一般不连续使用高频率采精，以免影响公羊采食、性欲及精液品质。

（三）精液品质检查

精液品质检查用以评定精液品质的优劣，要求迅速准确，室内要清洁，室温保持在 18~25℃，随时注意外界条件对精子的影响。精液品质检查决定它能不能用于输精配种，是保证受精效果的一项重要措施，直接关系到种公羊的利用和人工授精效果，也为确定精液的稀释倍数提供科学依据，指导种公羊的饲养管理和选留、淘汰。精液品质检查包括外观检查和显微镜检查两部分。

1. 外观检查

正常的精液为浓厚的乳白色，肉眼可看到由于精子活动所引起的乳白色云雾状，精子的密度越大，活动越强，其云雾状越明显。如精液呈浅灰色或青色，表明精子少；精液中可清楚看到絮状物为精囊发炎；精液颜色为红色、深黄色、褐色、绿色可判断为劣质精液，应弃掉不用，一般情况下不再做显微镜检查。

正常精液无味或略带腥味，如精液带有腐臭味，可判断公羊睾丸、附睾及生殖腺有慢性炎症或化脓病灶，应弃掉不用。

采集精液可直接用带有刻度的集精杯，可以直接读取，或采精后立即用量筒测量精液量。公羊一次采精的精液量一般为 0.5~2.0 毫升，山羊平均一次采精的精液量为 0.8~1.5 毫升，绵羊平均为 1.0~2.0 毫升。

2. 显微镜检查

（1）精子活率　也称活力，是精液中前进运动精子占有的百分率。每个环节处理的精液都要借助光学显微镜进行评定。精子活率检测在 37~38℃进行，检查时以高压灭菌玻璃棒蘸取 1 滴精液，放在载玻片上加盖玻片，在 200~400 倍显微镜下观察。

精子活率评分见表 3-3-1。正常精子活率为 3 分或 0.6 分以上，低于 3 分或 0.6 分以下的精液判为劣质精液，应弃掉不用。

表 3-3-1　精子活率评分

评分标准	精子呈直线前进运动的百分率（%）										
	100	90	80	70	60	50	40	30	20	10	0
0~10 级评分（分）	1.0	0.9	0.8	0.7	0.6	0.5	0.4	0.3	0.2	0.1	0
五级制评分（分）	5		4		3		2		1		0

在检查（评定）精子活率时，要多看几个视野，并上下扭动显微镜细螺旋，观察上、中、下三层液层的精子运动情况，才能较精确地评出精子的活率。

（2）精子密度　指每毫升精液中所含的精子数。在检查精子活率的同时进行精子密度的测定。根据视野内精子多少分为密、中、稀三级。"密"是指在视野中精子的数量多，精子之间的距离小于 1 个精子的长度；"中"是指精子之间的距离大约等于 1 个精子的长度；"稀"为精子之间的距离超过 2 个精子的长度。为了精确计算精子的密度，可用血球计数器在显微镜下进行测定和计算，每毫升精液中含精子 25 亿以上者为密，20 亿~25 亿个为中，20 亿以下为稀。经密度测定，"稀"的精液为不可用精液，应该丢弃。

（四）精液稀释

精液稀释的目的是扩大精液容量，增加配种母羊的头数，充分利用种公羊；延长精子存活时间和增强精子活率；便于精液的运输和保存。原精液活率在 0.6 以上可用于稀释输精，精液稀释主要包括稀释液制备、稀释倍数、步骤及分装保存和运输。

1. 稀释液制备

稀释液应选择易于抑制精子活动，减少能量消耗，延长精子寿命的弱酸性稀释液。一般稀释液包括稀释剂、营养剂、缓冲物质、非电解质、防冷物质、抗冻保护物质、抗生素以及其他添加剂。稀释液应现配现用，用具、容器等要干净，并经过灭菌消毒；蒸馏水或去离子水要新鲜；分析纯及化学纯制剂称量要准确，溶解过滤后消毒保存。稀释液的配方很多，介绍 3 种供参考。

（1）生理盐水稀释液　注射用生理盐水或经过过滤消毒的 0.9% 氯化钠溶液作稀释液。此种稀释液易于制作，稀释后的精液应在短时间内使用，是目前生产实践中最为常用的稀释液。但用这种稀释液稀释时，稀释的倍数不宜太高，一般以 2 倍以下为宜。

（2）奶汁稀释液　奶汁先用7层纱布过滤后，再煮沸消毒10~15分钟，降至室温，去掉表面奶皮即可。这种稀释液稀释效果好，但稀释倍数不能太高，以3倍以下为宜。

（3）葡萄糖卵黄稀释液　在100毫升蒸馏水中加葡萄糖3克、柠檬酸钠1.4克，溶解后过滤3~4次，蒸煮30分钟后灭菌，降至室温，再加新鲜卵黄（不要混入蛋白）20毫升，再加青霉素10万单位振荡溶解。这种稀释液有增加营养的作用，可作7倍以下的稀释。

2. 稀释倍数

稀释倍数=精子密度×活率/每毫升稀释精液中应含的有效精子数。

（1）精液低倍稀释　原精液量够输精时，可不必再稀释，可以直接用原精直接输精。不够时按需要量作1~4倍稀释，每次输精量取稀释后的0.1~0.2毫升，要保证有效精子数在5 000万个以上，要把稀释液放入30℃水浴锅或恒温箱中，再把它沿瓶壁缓慢加到原精液中，摇匀后即可使用。

（2）精液高倍稀释　要以精子数、输精剂量、每一剂量中含有1 000万个前进运动精子数，结合下午最后输精时间的精子活率，来计算出精液稀释比例。高倍稀释时主要先以1:5稀释，几分钟后再稀释至应稀释的倍数，高倍稀释与低倍稀释的方法相同。

3. 稀释步骤

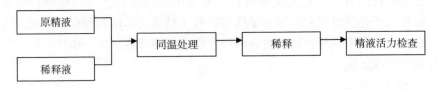

4. 分装保存和运输

将稀释好的精液按需要量装入2~5毫升小试管中，精液面距试管口不少于0.5~1毫升，然后用玻璃纸和胶圈将试管口扎好，在室温下自然降温。分装后贴上标签，标签上注明精液采出的日期、时间、活力、密度、公羊的品种。放在装有冰块的保温瓶（或保存箱）中保存，保存温度为0~5℃。在近距离运送精液时，不必进行降温，用棉花包好放入保温瓶中即可。远距离运输时，可用直接降温法降温，放在装有冰块的保温瓶（或保存箱）中保存，保存温度为0~5℃。在运输过程中，精液必须固定好，降温或升温都要缓慢进行，尽可能减轻振动。

（五）输精

输精是人工授精的最后一个重要环节，适时而准确地把一定量的优质精液输送到发情母羊的子宫颈口内，提高母羊受胎率。

原精输精每只羊每次输精 0.05~0.1 毫升，低倍稀释为 0.1~0.2 毫升，高倍稀释为 0.2~0.5 毫升，冷冻精液为 0.2 毫升以上。

通常人工授精使用子宫颈口内输精，将经消毒后在 1%氯化钠溶液浸刷过的开膣器装上照明灯（可自制），轻缓地插入阴道，打开阴道，找到子宫颈口，将吸有精液的输精器通过开膣器插入子宫颈口内，深度 1 厘米左右。稍退开膣器，输入精液，先把输精器退出，后退出开膣器。输精完毕后，让羊保持原姿势片刻，放开母羊，原地站立 5~10 分钟，再将母羊赶走。

输精时应注意输精人员要严格遵守操作规程，输精员输精时应切记做到深部、慢插、轻注、稍停。对个别阴道狭窄的青年母羊，开膣器无法充分打开，很难找到子宫颈口，可采用阴道内输精，但输精量需增加 1 倍。输精后立即做好母羊配种记录。每输完一只羊要对输精器、开膣器及时清洗消毒后才能重复使用，有条件的建议用一次性器具。

第四节　母羊的妊娠与分娩

精子和卵子配合形成单细胞胚胎以后，个体发育就开始启动，通过一系列有序的细胞增殖和分化，胚胎由单细胞变成多细胞，由简单细胞团分化为各种组织、器官，最后发育成完整的个体。母羊配种后经过妊娠与分娩，直到产出羔羊，是肉羊养殖中最为重要的生产环节。

一、母羊的妊娠

母羊配种后 20 天内不再表现发情，则可判断母羊已怀孕（妊娠）。妊娠是母羊特殊的生理过程，经过精卵结合形成胚胎，并在母体内发育的整个时期为妊娠期。母羊的妊娠期长短因品种、营养及单双羔因素有所变化，一般山羊妊娠期略长于绵羊。山羊妊娠期正常范围为 142~161 天，平均为 152 天；绵羊妊娠期正常范围为 146~157 天，平均为 150 天。

(一) 体况变化

母羊妊娠初期变化不大，妊娠 2~3 个月时，胎儿形成，用手触摸下腹可摸到硬块，此时母羊营养消耗不多；在妊娠 4~5 个月时，即妊娠后期，胎儿生长发育迅速，母羊新陈代谢旺盛，食欲增强，消化能力提高，怀孕母羊体重明显上升；妊娠后期母羊腹部增大、毛色光润、膘肥体壮、性情温顺。

(二) 妊娠诊断

1. 早期妊娠诊断

配种后的母羊应尽早进行妊娠诊断，能及时发现空怀母羊，以便采取补配措施。对已受孕的母羊加强饲养管理，避免流产。早期妊娠诊断有以下几种方法。

(1) 表观症状观察　母羊受孕后，发情周期停止，不再表现有发情征状，性情变得较为温顺。同时，孕羊的采食量增加，毛色变得光亮润泽。

(2) 触诊法　待检查母羊自然站立，然后用两只手以抬抱方式在腹壁前后滑动，抬抱的部位是乳房的前上方，用手触摸是否有胚胎胞块。

(3) 阴道检查法　妊娠母羊阴道黏膜的色泽、黏液的性状及子宫颈口形状均有一些变化。

阴道黏膜：母羊怀孕后，阴道黏膜由空怀时的淡粉红色变为苍白色，但用开膣器打开阴道后，很短时间内即由白色又变成粉红色。

阴道黏液：孕羊的阴道黏液呈透明状、量少、浓稠。相反，如果黏液量多、稀薄、颜色灰白的母羊为未孕。

子宫颈：母羊怀孕后子宫颈紧闭，色泽苍白，并有浆糊状的黏块堵塞在子宫颈口，人们称为"子宫栓"。

2. 免疫学诊断

怀孕母羊血液、组织中具有特异性抗原，用以制备的抗体血清与母羊细胞进行血球凝集反应，如母羊已怀孕，则红细胞会出现凝集现象。如果没有怀孕，加入抗体血清后红细胞不会发生凝集。此法可判定被检母羊是否怀孕。

3. 超声波探测法

超声波探测仪是一种先进的诊断仪器，检查方法是将待查母羊保定后，在腹下乳房前毛稀少的地方涂上凡士林或石蜡油，将超声波探测仪的探头对着骨盆入口方向探查。用超声波诊断羊早期妊娠的时间最好是配种 40 天以后，这时诊断准确率较高。

（三）预产期计算

母羊的妊娠期为 150 天（5 个月）左右，预产期可按公式推算，即配种月份加 5，配种日期减 2。

例如：一只母羊的配种日期为 2021 年 9 月 8 日，其预产期为 2022 年 2 月 6 日。

（四）注意事项

母羊在妊娠期要加强营养，满足胎儿迅速增长的需要；饲养管理要避免母羊剧烈运动、相互拥挤；防止气温骤变、疾病感染等因素造成母羊流产或早产。

二、分娩

妊娠期满的母羊将子宫内的胎儿及其附属物排出体外的过程，称为产羔。做好母羊的分娩产羔工作，对于维护母羊健康，提高幼羔的成活率，促进羔羊的健康生长具有重要的作用。

一般根据母羊的配种记录，按妊娠期推测出母羊的预产期，对临产母羊加强饲养管理，并注意仔细观察，同时做好产羔前的准备。母羊分娩要做好以下几项工作：了解母羊分娩征兆、产羔准备、接产及产后母羊和羔羊的护理。

（一）分娩征兆

母羊在分娩前，机体的某些器官在组织学上发生显著的变化，母羊的全身行为也与平时不同，这些变化是为适应胎儿产出和新生羔羊哺乳的需要而做的生理准备。对这些变化的全面观察，往往可以大致预测分娩时间，以便做好助产准备（表 3-3-2）。

表 3-3-2　妊娠母羊的分娩征兆

判断标准	特征
乳房	乳房膨大，乳头增大变粗，乳房静脉血管怒张，手摸有硬肿之感，同时可挤出少量清亮胶状液体或少量初乳
外阴部	阴唇逐渐松软、肿胀并体积增大，阴唇皮肤褶皱展平，并充血稍变红，从阴道流出的黏液由稠变稀
骨盆	骨盆韧带开始松弛，欣窝凹陷
行为	食欲减退，甚至反刍停止；排尿次数增多；精神不安，不时努责和咩叫，四肢刨地，回顾腹部等

要特别注意的是当母羊出现卧地并四肢伸直、努责及羊膜露出外阴部时，

应立即将母羊送进产房准备接产。

（二）产羔准备

1. 产房准备

产房要求通风良好，地面干燥，温度维持在 15～18℃，湿度低于 50%。根据配种记录，在产前 10 天左右将产房打扫干净，并用石灰水或来苏尔彻底消毒。

2. 饲草准备

干草最好选择富含豆科牧草和适口性强、易消化的杂拌干草；混合精料是营养比较全面的配合料或混合料；另外要准备一定数量的多汁块茎饲料和青贮饲料。

3. 用品准备

常用器械：注射器、剪刀、断尾钳、台秤、毛巾、脸盆及水桶等；消毒用品：消毒纱布、酒精、高锰酸钾等；必须药品：强心剂、镇静剂等；其他：工作服、产羔记录本等。

三、接产

接产分为正常接产和难产助产。在母羊产羔过程中，接产人员的主要任务是监视分娩情况和护理初产羔羊，非必要时一般不要干扰，最好让其自行分娩，但有些母羊遇到产道狭小、双胎及分娩乏力的情况下，应积极助产。接产前要剪净临产母羊乳房周围和后肢内侧的羊毛，然后用温水洗净乳房；挤出几滴初乳，再将母羊的尾根、外阴部、肛门洗净，用 1% 来苏尔消毒。

（一）正常接产

一般情况下，经产比初产母羊产羔快，羊膜破裂 10～30 分钟，羊羔便能顺利产出。正常羔羊一般是先露出两前肢，头部附于两前肢之上，随着母羊的努责，羔羊可自然产出。当母羊产出第一只羔羊后，仍有努责、阵痛表现，是产双羔的征候。

此时接产人员要仔细观察和认真检查，用手掌在母羊腹部前方适当用力向上推举，如是双羔，可触到一个硬而光滑的羔体，如果需要可实施助产。羔羊出生后，一般都自己扯断脐带，这时可用 5% 碘伏在扯断处消毒。先将羔羊口、鼻和耳骨黏液淘出擦净，以免误吞羊水，引起窒息或异物性肺炎。羔羊身上黏液，在接产人员擦拭，同时，还要让母羊舔干，既可促进新生羔羊的血液循环，又有助于母羊认羔。母羊分娩后 1～2 小时，胎盘即会自然排出，应及时取走，防止被母羊吞食养成恶习。若产后 3~4 小时母羊胎衣仍未排出，应及时采取措施。

（二）难产助产

有些母羊骨盆狭窄，阴道过小，胎儿过大或母羊身体虚弱，子宫收缩无力或胎位不正等均会造成难产，均需要助产。具体方法是在母羊体躯后侧，用膝盖轻轻压其肋部，等羔羊的嘴端露出后，用一手向前推动母羊会阴部，羔羊头部露出后，再用一手托住头部，一手握住前肢，随着母羊的努责向下方拉出胎儿。

羊膜破水 30 分钟，如母羊努责无力，羔羊仍未产出时，应立即助产。助产人员应将手指甲剪短，磨光，消毒手臂，涂上润滑油，根椐难产情况采取相应的处理方法。如胎位不正，先将胎儿露出部分送回阴道，将母羊后躯抬高，手伸入产道校正胎位，然后才能随母羊有节奏的努责，将胎儿拉出；如胎儿过大，可将羔羊两前肢反复数次拉出和送入，然后一手拉前肢，一手扶头，随母羊努责缓慢向下方拉出。切忌用力过猛，或不根据努责节奏硬拉，以免拉伤阴道。

（三）假死羔羊的急救

羔羊产出后，如不呼吸，但发育正常，心脏仍跳动，称为假死。原因是羔羊吸入羊水，或分娩时间较长、子宫内缺氧等。要实施急救措施，急救方法是：先把羔羊呼吸道内的黏液和胎水清除掉，擦净鼻孔，向鼻孔吹气或进行人工呼吸。将羔羊放在前低后高地方仰卧，手握前肢，反复前后屈伸。或倒提起羔羊，用手轻拍胸部两侧。还可向羔羊鼻内喷烟，可刺激羔羊喘气。对冻僵的羔羊，应立即移入暖室进行温水浴，水温由 38℃ 逐渐升至 40℃，洗浴时将羔羊头露出水面，切忌呛水，水浴时间为 20~30 分钟，如冻僵时间短，可使其复苏。

四、产后母羊和羔羊的护理

（一）产后母羊的护理要点

产后母羊应注意保暖、防潮，避免风吹和感冒；保持安静，充足的光照，避免人为刺激，让母羊充分休息；产后不能饮冰水和冷水，要喝清洁的温水，可在温水中加少量的食盐；产后头 3 天内应给予母羊质量好、容易消化的饲料饲草，且量不宜太多，尽量不喂精料，经 3 天后饲料转变为正常；有些母羊产羔后，有努责而又不是双羔，要及时把母羊扶起，令其运动，防止子宫脱垂。

（二）初生羔羊的护理要点

羔羊出生后，应尽快辅助羔羊吃上初乳。训练羔羊吃奶的方法是把羊奶挤在指尖上，然后将有乳汁的手指放在羔羊的嘴里让其吸吮，随后移动羔羊到母羊的乳头上，吮吸母乳；羔羊出生后立即放在母羊身边，母子亲和，羔羊强壮结实；瘦弱的羔羊或初产母羊、疾病母羊以及保姆性差的母羊，需要寄养羔羊或人工哺乳，羔羊送给保姆羊之前，将保姆羊的尿液或乳汁涂抹在待哺羔羊的身上，让保姆羊嗅闻，接着实行人工哺乳，慢慢地保姆羊就接受待哺羔羊吃奶了。如果人工哺乳用奶瓶时，喂奶角度不超过30°，让羔羊自己吃，不要硬灌，防止呛奶；羔羊出生后1~2天内及时排出胎便，注意环境控制；对羔羊强化饲养，可以适量运动和放牧。

（三）矫弃羔

有的初产母羊，患有恶癖，或因粗暴接产而造成不认自生羔羊，不仅不舔舐羔羊身上的黏液，还不给羔羊哺乳，甚至经常顶、撞、踩压羔羊。遇此情况可采取如下措施。

① 将羔羊身上黏液抹入母羊鼻端、嘴内，诱导母羊舔羔。如母羊还不舔羔，应尽快用干布或软草将羔羊身上擦干，扶助羔羊吃上初乳。以后，羔羊即可自然哺乳。

② 把母羊和羔羊放入带隔离栏的固定小圈内，或将羔羊单放暖室、暖炕上，每隔2~3小时轰起母羊一次，强迫母羊给羔羊吃奶。经过1周时间，能促进母子相识与亲和，绝大多数弃羔母羊会认羔。

③ 对认羔母羊及时离开小圈，放入中圈饲养。少数仍不认羔，要继续留圈强制哺乳。

（四）护弱羔

1. 调教母羊护羔

挤其他健壮母羊的初乳喂羔羊。如母羊乳头过大，要人工扶持弱羔衔住乳头哺乳。有的母羊懒惰，要及时轰起令其给羔哺乳。弱羔生后最初几天，须留在室温恒定在5~10℃的暖室，进行特殊护理，等弱羔能独立哺食母乳时，再放入母子小圈观察3~5天，直至羔羊健壮，再放入大群饲养。

2. 代哺或换哺

产双羔或3~4羔，母羊奶不足，强壮羔羊留在母亲身边正常哺乳，把弱羔找产单羔或找死去羔羊的母羊代哺，也可与强壮母羊对换羔羊哺乳。

3. 过哺

母羊闻嗅敏感，易拒绝授奶，过哺前一定要将母羊胎液或羊奶涂在过哺或换哺羔羊头部、尾部或周身，使其难以识别真伪，也可强制母羊哺乳羔羊。

（五）做好羔羊的饲养管理

注意畜舍的环境卫生及羔羊的个体卫生，减少疾病的发生，从而提高羔羊的繁殖成活率。

第五节　杂交改良

一、杂种优势

根据国内外羊生产经验，羊肉、羊奶、羊毛等羊产品生产主要是利用不同品种的经济杂交所产生的杂交优势。杂交优势是指不同的种群（品种、品系或其他种用类群）的家畜杂交所产生的杂种，往往在生活力、生长势和生长性能等方面，表现出一定程度上优于其本群体的现象。这是普遍现象，但并不一定杂交就可以产生杂种优势，这还存在不同品种间的配合力问题，一般将生长发育快、体型大、饲料报酬高、产肉（毛、乳）性能和胴体品质好的公羊作为杂交父本，将适应性好、繁殖力高、群体数量多的品种作为杂交用的母本，希望通过杂交将父本、母本的生产优势发挥出来，产生高于亲本的生产效益。

根据有关的试验资料得知，通过经济杂交所产生的杂种优势率是：产羔率为20%~30%，增重率为20%，羔羊的成活率为40%，产毛量最高为33%。产肉量：两个品种杂交提高12%，到4个品种时，每增加一个品种可提高8%~20%。杂种优势率的大小取决于以下几方面：一是品种的纯度要高，群体的变异性小；二是品种的性状优良；三是杂交用的父本和母本的差异要大；四是要有好的饲养管理环境，有利于杂种优势的发挥。

二、经济杂交的方式

在羊的生产中，品种杂交的目的是提高群体的生产水平和增加经济效益，而不是为了培育新的品种，所以称为经济杂交。经济杂交依参加杂交的品种数分为二元杂交（简单杂交）和多元杂交。

1. 二元杂交

在我国肉羊品种比较缺乏的情况下，普遍采用的是二元杂交，即用肉用种公羊和我国的本地母羊杂交，利用杂种优势生产羊肉。这种杂交方式所产生的公羔作为育肥生产用，母羔则继续用公羊级进杂交，产生二代、三代等渐渐使杂种后代的生产性能和父本接近或有所提高。

2. 多元杂交

多元杂交是指三个以上的品种参加的经济杂交。多元杂交依公羊使用状况可分为终端杂交和轮回杂交。

终端杂交是指在多元杂交中，存在有最后（终端）的父本品种，最终的杂种群体全部作为生产群体，即所有的最终杂种群体无论公母羊全部育肥屠宰。在终端杂交过程中，要考虑到各个父本品种的使用先后顺序，一般把最能体现产肉优势的品种作为终端父本，以便获得最大的杂种优势率。如三元杂交是用两个父本品种和一个母本品种的羊进行杂交。一般的杂交程序是，先用一个父本品种和母羊进行杂交。

轮回杂交是指用 2 个以上的不同品种进行杂交。在每代杂种后代中，只用优良母畜依序轮流再与亲本品种的公畜回交，以便在每代杂种后代中继续保持和充分利用杂种优势，杂种公羔全部育肥屠宰。

三、杂交组合

1. 杂交父本的选择

应选择生长快、饲料转化率高、产肉性能好而经过高度选择与培育的品种、品系或种用类群作为杂交父本。因为这些性状的遗传力较高，而且容易遗传给后代。在肉用山羊生产中，我国目前可供选择作为杂交父本的品种有波尔山羊、南江黄羊、努比亚羊等。

2. 杂交母本的选择

应选择本地区数量多、适应性强、繁殖力高、母性好、泌乳力强的山羊品种、品系或类群作为杂交母本。因为母本需要的数量大，适应性强，容易在本地区推广，繁殖力高，可以生产大量的商品肉羊；母性好、泌乳力强这关系到杂种后代在哺乳期的成活和发育，直接影响杂种优势的表现。

3. 杂交组合

肉羊生产要达到集约化、规模化及专业化的目标，饲养的肉羊应具有生长快、产肉性能好、饲料转化率高等特点。根据目前国内山羊品种现状，引入了世界优秀肉羊品种波尔山羊，但我国地域辽阔，地形地貌类型差异大，仅靠少数几个品种推广或改良是有限的。参照国内外发展肉山羊生产的经验，应因地制宜，研究适合本地情况的杂交组合方式，并推广肥羔生产技术，以建立优质高产的肉羊生产新途径。

要筛选出最佳的杂交组合，需要进行配合力测定，对杂交效果进行预测，并相互比较。在杂交工作中应注意以下问题。

第一，在实际生产中，杂交组合中每增加一个品种，对肉用山羊的繁育体系要求更高，并需要建立杂种母羊群，这在规模化、集约化生产中才能做到。因此应根据当地条件确定杂交组合。

第二，由于优良品种往往饲养条件要求较高，适应性较差。应适当控制杂交代数，以充分发挥杂种优势。

第三，在进行杂交效果比较时，最好在相同条件下比较不同杂交组合的饲喂效果，以确定适合本地区的最佳组合方式。

第四，加强杂交母本的选育。杂交优势来自父、母本双方，父本一般都有种羊场或繁殖基地不断选育提高，而母本的选育往往易忽视，因此应加强本地山羊的选种选配，以保持其优良特性。

四、提高羊繁殖力的主要方法

保障羊群的高繁殖率和羔羊成活率是高效养羊生产中的重要环节。现代化的养羊业要求种羊具有早熟、多胎多产、生长发育快和产品质量好等优良特性。只有提高繁殖力才能增加数量和提高质量，获得较好的经济效益。因此畜牧工作者采用各种方法和途径来提高羊的繁殖力。

1. 改善饲养管理

营养条件对羊群繁殖力的影响很明显，改善公母羊的营养状况是提高繁殖力的有效途径。在配种前及配种期，应给予公母羊足够的营养，保证蛋白质、维生素和微量元素等供给。种公羊的营养水平对受胎率和产羔率，初生重和断奶重都有影响。种公羊应在配种前 1.5 个月开始加强营养。用全价的营养物质饲喂公羊，受胎率、产羔率都高，羔羊初生重也大。母羊应在配种前 2~3 周加强营养，不仅能使母羊发情整齐，也能使母羊排卵数增加，提高受胎率。任何微量元素的严重缺乏都会影响到羊的各种基本功能，包括繁殖性能等。母羊在妊娠期间，如果饲养管理不当，可能引起胎儿死亡。

2. 加强选种和选配

种公羊要求体型外貌符合种用要求、体质健壮、睾丸发育良好、雄性特征明显、精液品质好。从繁殖力高的母羊后裔中选择公羊；加强母羊选择，选择繁殖力强的母羊。

母羊的产羔率随年龄而变化。一般4~5岁时的双羔率最高，在2~3岁时较低，头胎初产时最低。第1胎即产双羔的母羊，具有较大的繁殖力。选择头胎产双羔和前3胎产多羔的母羊，可以提高母羊的双羔率和繁殖力。

要合理选配。单、双胎的公母羊，不同组合的配种，双羔率不一样。采用双胎公羊配双胎母羊，可显著提高双羔率。

3. 提高母羊产羔率

选育高产母羊是提高繁殖力的有效措施，坚持长期选育可以提高整个羊群的繁殖性能。一般采用群体继代选育法，即首先选择繁殖性能本身较好的母羊组建基础群，作为选育零世代羊，以后各世代繁殖过程中均不要引进其他群种羊，实行闭锁繁育，但应避免全同胞的近亲交配，第三世代群体近交系数控制在12.5%以内。随机编组交配，严格选留后代种公羊、种母羊。群体继代选育的关键是，建立的零世代基础群应具备较好的繁殖性能，应选择产羔率较高的种羊，有以下一些方法。

（1）根据出生类型选留种羊　母羊随年龄的增长其产羔率有所变化。一般初产母羊能产双羔的，除了其本身繁殖力较高外，其后代也具有繁殖力高的遗传基础，这些羊都可以选留作种。

（2）根据母羊的外形选留种羊　细毛羊脸部是否生长羊毛与产羔率有关。眼睛以下没有被覆细毛的母羊产羔性能较好，所以选留的青年母绵羊应该体型较大，脸部无细毛覆盖。山羊中一般无角母羊的产羔数高于有角母羊，有肉髯母羊的产羔性能略高于无肉髯的母羊。但是无角山羊中容易产生间性羊（雌雄同体），因此山羊群体中应适当保留一定比例的有角羊，以减少间性羊的出生。

（3）提高繁殖公母羊的饲养水平　营养水平是影响公母羊繁殖性能的重要因素。我国地域广大，草地类型各异，除热带、亚热带很少地区外，大部分地区由于气候的季节性变化，存在着牧草生长枯荣交替的季节性不平衡。特别是我国北方和高海拔地区，这种季节性不平衡更加严重。枯草季节，羊采食不足，身体瘦弱影响羊的繁殖受胎率和羔羊成活率。配种季节应加强公母羊的放牧补饲，配种前两个月即应满足羊的营养需求。一方面延长放牧时间，早出晚归，尽量使羊有较多的采食时间；另一方面还应适当补饲草料，补饲的草料不仅要含有丰富的蛋白质、脂肪、碳水化合物，还应含有丰富的维生素和矿物质。在抓膘催情的同时，也要注意不要使繁殖种羊过度肥胖。繁殖母羊如果过度肥胖，其体内积蓄大量脂肪，导致脂肪阻塞输卵管进口形成生理性不孕。公羊过度肥胖，引起睾丸生殖细胞变性，产生较多的畸形精子和死精子，没有受精能力。防止繁殖公母羊过肥的措施是注意合理的日粮搭配，特别应注意让公母羊有适当的运动。

4. 利用多胎基因

引进多胎品种与地方品种羊杂交，是快速、有效和简便易行提高繁殖力的方法。如利用小尾寒羊等多胎品种作父本进行杂交，明显增加产羔数。我国绵羊的多胎品种主要有：大尾寒羊，平均产羔率为 185%；小尾寒羊，平均产羔率可达 270%左右；湖羊，平均产羔率可达 235%左右。但是这些品种产毛量低，羊毛品质较差，杂交改良会对毛用性能带来不利影响。我国山羊具有多胎性能，平均产羔率可以达到 200%左右，而北方地区的山羊品种产羔率通常较低，可以引进繁殖力较高的品种进行杂交。

5. 采用繁殖控制技术

利用早期断奶、同期发情、超数排卵、分娩控制等繁殖新技术，可控制繁殖周期，缩短产羔间隔时间，提高产羔频率和受胎效果，增加每胎产羔数，充分挖掘繁殖潜力。

6. 采用先进授精技术

采用 XK-2 型等输精器授精，该输精器富有弹性，操作简单，使用安全，坚固耐用，有利于进行深部输精，一般比常规输精器可提高受胎率 10%以上；采用腹腔镜子宫角深部输精，能显著提高绵羊冷冻精液的受胎率；采用肌内注射促排卵 3 号（LRH-A3），情期受胎率可达 93.5%，比不注射者提高 27.2%。

7. 应用胚胎移植与胚胎分割技术

利用胚胎移植可加速良种羊扩群，提高母羊的繁殖力。该技术已被国内外养羊生产者采用，并收到了很好效果。

第四章
羊的饲养管理技术

第一节　一般管理技术

一、正确捉羊与放倒羊

捉羊是管理上常见的工作。常见捉羊者，抓住羊体的某一部分强拉硬扯，使羊的皮肉受到刺激，羊毛生长受影响，甚者使羊体受到损伤。

正确捉羊的方法有很多，可以根据自己的实际情况选择使用。如：用一只手迅速抓住羊的小腿末端（小腿末端较细，便于手握而不易伤及皮肉），然后用另一只手抱住羊的颈部或托住下颌；右手捉住羊后腱部，然后左手握住另一腱部，因为腱部的皮肤松弛，不会使羊受伤，人也省力，容易捕捉；尽量抓羊腰背处的皮毛，直接抓腿时防扭伤。抓羊时，不可将羊按倒在地使其翻身，因羊肠细而长，这样易造成羊肠扭转使羊死亡。羊抓住后，人骑在羊背上，用腿夹住羊的前肢固定好，便可喂药、打针、做各种检查了。

引导羊前进时，如拉住颈部和耳朵时，羊感到疼痛，用力挣扎，不易前进。正确的方法是一只手在颌下轻托，以便左右其方向，另一只手在坐骨部位向前推动，羊即前进。

放倒羊的时候，人应站在羊的一侧，一手绕过羊颈下方，紧贴羊另一侧的前肢上部，另一只手绕过后肢紧握住对侧后肢飞节上部，轻托后肢，使羊卧倒。

二、编号

进行肉羊改良育种、检疫、测重、鉴定等工作，都需要掌握羊的个体情况，为便于管理，需要给羊编号。

编号多用耳标法。耳标分为金属耳标和塑料耳标两种，形状有圆形、长条形、凸字形等。使用金属耳标时，先用钢字钉将编号打在耳标上，习惯上编号的第一个字母代表年份的最后一位数，第二、三个数代表月份，后面跟个体号，"0"的多少由羊群规模大小而宜。种羊场的编号一般采用公单母双进行编号。例如：10600018，"106"代表该羊是2021年6月生的，后面的"00018"为个体顺序号，双数表示此羊为母羊。耳标一般佩戴在左耳上。在小型肉羊场，因为规模小，所产羔羊不多，也可选用5位数对羔羊进行编号：第1个字母代表品种，第2、3位数代表年份的最后两位数，后面直接跟个体号，公羔标单号，母羔标双号，"0"的多少由羊群规模大小来定。如T2102，T代表所养的肉羊品种是陶赛特，"21"代表是2021年，"02"代表该羔羊的个体号是02号，并且是母羔。

打耳标时，先用碘酊消毒，然后在靠近耳根软骨部避开血管处，用打孔钳打上耳标。塑料耳标目前使用很普遍，可以直接将耳标打在羊的耳朵上，成本低，而且以红、黄、蓝等不同颜色代表羊的等级，适用性更强。

三、去势

去势一般在羔羊生后1~2周内进行，天气寒冷或羔羊虚弱，去势时间可适当推迟。去势法有结扎法、刀切法。结扎法是在公羔生后3~7天进行，用橡皮筋结扎阴囊，隔绝血液向睾丸流通，经过15天后，结扎以下的部位脱落。这种方法不出血，亦可防止感染破伤风。刀切法是由1人固定公羔的四肢，腹部向外显露出阴囊，另一人用左手将睾丸挤紧握住，右手在阴囊下1/3处纵切一切口，将睾丸挤出，拉断血管和精索，伤口用碘酒消毒。

四、去角

肉羊公母羊一般均有角，有角羊只不仅在角斗时易引起损伤，而且饲养及管理都不方便，少数性情恶劣的公羊，还会攻击饲养员，造成人身伤害。因此，采用人工方法去角十分重要。羔羊一般在生后7~10天去角，对羊的损伤小。人工哺乳的羔羊，最好在学会吃奶后进行。有角的羔羊出生后，角蕾部呈漩涡状，触摸时有一较硬的凸起。去角时，先将角蕾部分的毛剪掉，剪的面积要稍大些（直径约3厘米）。去角的方法主要如下。

（一）烧烙法

将烙铁于炭火中烧至暗红（亦可用功率为300瓦左右的电烙铁）后，对保定好的羔羊的角基部进行烧烙，烧烙的次数可多一些，但每次烧烙的时间不超过 1 秒钟，当表层皮肤破坏，并伤及角质组织后可结束，对术部应进行消毒。在条件较差的地区，也可用 2~3 根 40 厘米长的锯条代替烙铁使用。

（二）化学去角法

即用棒状苛性碱（氢氧化钠）在角基部摩擦，破坏其皮肤和角质组织。术前应在角基部周围涂抹一圈医用凡士林，防止碱液损伤其他部分的皮肤。操作时先重、后轻，将表皮擦至有血液浸出即可。摩擦面积要稍大于角基部。术后应将羔羊后肢适当捆住（松紧程度以羊能站立和缓慢行走即可）。由母羊哺乳的羔羊，在半天以内应与母羊隔离；哺乳时，也应尽量避免羔羊将碱液污染到母羊的乳房上而造成损伤。去角后，可给伤口撒上少量的消炎粉。

五、修蹄

肉羊由于长期舍饲，往往蹄形不正，过长的蹄甲，使羊行走困难，影响采食。长期不修，还会引起蹄腐病、四肢变形等疾病，特别是种公羊，还直接影响配种。

修蹄最好在夏秋季节进行，因为此时雨水多，牧场潮湿，羊蹄甲柔软，有利于削剪和剪后羊只的活动。操作时，先将羊只固定好，清除蹄底污物，用修蹄刀把过长的蹄甲削掉。蹄子周围的角质修得与蹄底基本平齐，并且把蹄子修成椭圆形，但不要修剪过度，以免损伤蹄肉，造成流血或引起感染。

六、羔羊断尾

一些长瘦尾型的羊，为了保护臀部羊毛免受粪便污染和便于人工授精，应在羔羊出生 1 周后将尾巴在距尾根 4~5 厘米处去掉，所留尾巴的长度以母羊尾巴能遮住阴部为宜。通常羔羊断尾和编号同时进行，可减少抓羊次数，降低劳动强度。

（一）结扎法

就是用橡皮筋或专用橡皮圈，套紧在尾巴的适当位置上（第三、四尾椎间），断绝血液流通，使下端尾巴因缺血而萎缩、干枯，经 7~10 天而自行脱落。此方法优点是不受断尾时条件限制，不需专用工具，不出血、无感染，操作简单，速度快，安全可靠，效果好。

（二）热断法

用带有半月形的木板压住尾巴，将特制的断尾铲热后用力将尾巴铲掉。此方法需要有火源和特制的断尾工具及 2 人以上的配合，操作不太方便，且有时会形成烫伤，伤口愈合慢，故不多采用。

七、剪毛与抓绒

（一）剪毛

春季在清明前后，秋季在白露前剪毛。

剪毛应注意如下6点。

① 剪毛应在天气较温暖且稳定时进行，特别是春季更应如此，剪毛后要有圈舍，以防寒流袭击而造成羊群伤亡。

② 剪毛前12~24小时内不应饮水、补饲，空腹剪毛比较安全。

③ 不管是手动剪毛还是电动剪毛，剪毛动作要轻、要快，特别是对于妊娠母羊要小心，对妊娠后期的母羊不剪毛为好，以防造成流产。

④ 不要剪重剪毛（回刀毛、重茬毛），剪毛应紧贴皮肤，留毛茬0.3~0.5厘米，即使留毛茬过高，也不要重剪第二次，因第二次剪下的毛过短，失去纺织价值。

⑤ 剪毛场所要干净，防止杂物混入毛内。

⑥ 剪毛时，对剪破的皮肤伤口要用碘酒涂擦消毒。在发生破伤风的疫区，每年都应注意注射抗破疫苗，以防发生破伤风。

（二）抓绒

绒山羊每年都要进行抓绒，一般每年抓1次绒。

山羊绒的生产具有一定的规律性，不同地区不同品种的绒山羊生长速度不一样，但生长的停止时间是相同的，一般在2月底停止生长。到4月底，绒毛便开始脱离皮肤，从前躯到后躯依次脱落，因此在4月底、5月初必须进行抓绒，高寒的牧区可稍晚些时候抓绒。从性别、年龄、体况来说，羊绒的脱落也有其规律性。母羊先脱落，公羊后脱落；成年羊先脱落，育成羊后脱落；体况好的羊先脱落，体况弱的羊后脱落。

抓绒应在宽敞明亮的屋子里进行，场地要打扫干净，除掉一切污染物。

抓绒工具：铁梳子分两种，一种是稀梳子，由7~8根钢丝组成，间距2~2.5厘米；另一种是密梳子，由12~14根钢丝组成，间距0.5~1厘米，钢丝直径为0.3厘米，梳齿的顶端为秃圆形。

抓绒时可先剪去外层长毛，剪去长毛的长度，以不损伤绒毛为原则。先用稀梳子把被毛上的碎草、粪便顺毛方向由前到后，由上而下轻轻梳掉，随后用密梳子逆毛而梳，按股、腰、背、胸、腹、肩部的顺序进行。梳子要贴近皮肤，用力要均匀，不要用力过猛，以免梳伤皮肤。

抓绒的当天早晨羊要停止进食，抓绒后投给劣质干草或秸秆，采食一段时间后再饮水。由于绒山羊的不同部位和不同个体之间的脱绒时间也略有差异。所以，第一次抓绒梳不净的羊，间隔 1 周后再抓绒 1 次，做到有绒必梳，抓绒必有效益。

八、药浴

药浴是用杀虫剂药液对羊只体表进行洗浴。山羊每年夏天进行药浴，目的是防治肉羊体表寄生虫、虱、螨等。常用药有敌杀死、敌百虫、螨净、除癞灵等及其他杀虫剂。

(一) 盆浴

盆浴的器具可用浴缸、木桶、水缸等，先按要求配制好浴液（水温在 30℃ 左右）。药浴时，最好由两人操作，一人抓住羊的两前肢，另一人抓住羊的两后肢，让羊腹部向上。除头部外，将羊体在药液中浸泡 2~3 分钟；然后，将头部急速浸 2~3 次，每次 1~2 秒即可。

(二) 池浴

此方法需在特设的药浴池里进行。最常用的药浴池为水泥建筑的沟形池，进口处为一广场，羊群药浴前集中在这里等候。由广场通过一狭道至浴池，使羊缓缓进入。浴池进口做成斜坡，羊由此滑入，慢慢通过浴池。池深 1 米多，长 10 米，池底宽 30~60 厘米，上宽 60~100 厘米，羊只能通过而不能转身即可。药浴时，人站在浴池两边，用压扶杆控制羊，勿使其漂浮或沉没。羊群浴后应在出口处（出口处为一倾向浴池的斜面）稍作停留，使羊身上流下的药液可回流到池中。

(三) 淋浴

在特设的淋浴场进行，优点是容浴量大、速度快、比较安全。淋浴前先清洗好淋浴场，并检查确保机械运转正常即可试淋。淋浴时，把羊群赶入淋浴场，开动水泵喷淋。经 3 分钟左右，全部羊只都淋透全身后关闭水泵。将淋过的羊赶入滤液栏中，经 3~5 分钟后放出。池浴和淋浴适用于有条件的羊场和大的专业户；盆浴则适于养羊少，羊群不大的养羊户使用。

羊只药浴时应注意以下几点。

① 药浴应选择晴朗无大风天气，药浴前 8 小时停止放牧或喂料，药浴前 2~3 小时给羊饮足水，以免药浴时吞饮药液。

② 先浴健康的羊，后浴有皮肤病的羊。

③ 药浴完，羊离开滴流台或滤液栏后，应放入晾棚或宽敞的羊舍内，免受日光照射，过 6~8 小时后可以喂饮或放牧。

④ 妊娠 2 个月以上的母羊不进行药浴，可在产后一次性皮下注射阿维速克长效注射液进行防治，安全、方便、疗效高，杀螨驱虫效果显著，保护期长达 110 天以上。也可采用其他阿维菌素或伊维菌素药物防治。

⑤ 工作人员应戴好口罩和橡皮手套，以防中毒。

⑥ 对病羊或有外伤的羊，以及妊娠 2 个月以上的母羊，可暂时不药浴。

⑦ 药浴后让羊只在回流台停留 5 分钟左右，将身上余药滴回药池。然后赶到阴凉处休息 1~2 小时，并在附近放牧。

⑧ 当天晚上，应派人值班，对出现有个别中毒症状的羊只及时救治。

九、驱虫

羊的寄生虫病较常见，患病羊往往食欲降低，生长缓慢，消瘦，毛皮质量下降，抵抗力减弱，重者甚至死亡，给养羊业带来严重的经济损失。为了防止体内寄生虫病的蔓延，每年春秋两季要进行驱虫。驱虫后 1~3 天内，要安置羊群在指定羊舍和牧地放牧，防止寄生虫及其虫卵污染羊舍和干净牧地。3~4天后即可转移到一般羊舍和草场。

常用的驱虫药物有四咪唑、驱虫净、丙硫咪唑、伊维菌素、阿维菌素等。丙硫咪唑是一种广谱、低毒、高效的驱虫药，每千克体重的剂量为 15 毫克，对线虫、吸虫、绦虫等都有较好的治疗效果。为防止寄生虫病的发生，平时应加强对羊群的饲养管理。注意草料卫生，饮水清洁，避免在低洼或有死水的牧地放牧。同时结合改善牧地排水，用化学及生物学方法消灭中间宿主。多数寄生虫卵随粪便排出，故对粪便要发酵处理。

第二节　种公羊的饲养管理与利用

一、种公羊的饲养管理

俗话说："公羊好，好一坡；母羊好，好一窝"，种公羊饲养得好坏，对提高肉羊羊群品质、生产繁殖性能的关系很大。种公羊在羊群中的数量少，但种用价值高。对种公羊必须精心饲养管理，要求常年保持中上等膘情，健壮的体质，充沛的精力，保证优质的精液品质，提高种公羊的利用率。

(一) 种公羊的日粮需要

种公羊的饲料要求营养价值高，有足量的蛋白质、维生素和矿物质，且易消化，适口性好，保证饲料的多样性及较高的能量和粗蛋白质含量。在种公羊的饲料中要合理搭配精、粗饲料，尽可能保证青绿多汁饲料、矿物质、维生素均衡供给，种公羊的日粮体积不宜过大，以免形成"草腹"，以免种公羊过肥而影响配种能力。夏季补以半数青割草，冬季补以适量青贮料，日粮营养不足时，补充混合精料。精料中不可多用玉米或大麦，可多用麸皮、豌豆、大豆或饼渣类补充蛋白质。配种任务繁重的优秀公羊可补动物性饲料。补饲定额依据公羊体重、膘情与采精次数而定，另外，保证充足干净的饮水，饲料切勿发霉变质。钙磷比例要合理，以防产生尿路结石。

(二) 种公羊的日常管理

1. 圈舍要求

种公羊舍要宽敞坚固，保持圈舍清洁干燥，定期消毒，尽量离母羊舍远些。舍饲时要单圈饲养，防止角斗消耗体力或受伤；在放牧时要公母分开，有利于种公山羊保持旺盛的配种能力，切忌公母混群放牧，造成早配和乱配。控制羊舍的湿度，不论气温高低，相对湿度过高都不利于家畜身体健康，也不利于精子的正常生成和发育，从而使母羊受胎率低或不能受孕。另外要防止高温，高温不仅影响种公羊的性器官发育、性欲和睾酮水平，而且影响射精量、精子数、精子活力和密度等。夏季气候炎热，要特别注意种公山羊的防暑降温，为其创造凉爽的条件，增喂青绿饲料，多给饮水。

2. 适当运动

在补饲的同时，要加强放牧，适当增加运动，以增强公羊体质和提高精子活力。放牧和运动要单独组群，放牧时距母羊群尽量远些，并尽可能防止公羊间互相斗殴，公羊的运动和放牧要求定时间、定距离、定速度。饲养人员要定时驱赶种公羊运动，舍饲种公羊每天运动 4 小时左右（早、晚各 2 小时），以保持旺盛的精力。

3. 配种适度

种公羊配种采精要适度。一般 1 只种公羊可承担 30~50 只母羊的配种任务。种公羊配种前 1~1.5 个月开始采精，同时检查精液品质。开始一周采精 1 次，以后增加到一周 2 次，到配种时每天可采 1~2 次，连配 2~3 天，休息 1

天为宜，个别配种能力特别强的公羊每日配种或采精也不宜超过3次。公羊在采精前不宜吃得过饱。在非繁殖季节，应让种公羊充分休息，不采精或尽量少采精。种公羊采精后应与母羊分开饲养。

种公羊在配种时要防止过早配种。种公羊在6~8月龄性成熟，晚熟品种推迟到10月龄。性成熟的种公羊已具备配种能力，但其身体正处于生长发育阶段，过早配种可导致元气亏损，严重阻碍其生长发育。

在配种季节，种公羊性欲旺盛，性情急躁，在采精时要注意安全，放牧或运动时要有人跟随，防止种公羊混入母羊群进行偷配。

4. 日常管理

定期做好种公羊的免疫、驱虫和保健工作，保证公羊的健康，并多注意观察平日的精神状态。有条件的每天给种公羊梳刷1次，以利清洁和促进血液循环。检查有无体外寄生虫病和皮肤病。定期修蹄，防止蹄病，保证种公羊蹄坚实，以便配种。

二、种公羊的合理利用

种公羊在羊群中数量小，配种任务繁重，合理利用种公羊对于提高羊群的生产性能和产品品质具有重要意义，对于羊场的经济效益有着明显的影响。因此除了对种公羊的科学饲养外，合理利用种公羊提高种公羊的利用率是发展养羊业的一个重要环节。

（一）适龄配种

公羊性成熟为6~10月龄，初配年龄应在体成熟之后开始为宜，不同品种的公羊体成熟时间略有不同，一般在12~16月龄，种公羊过早配种影响自身发育，过晚配种造成饲养成本增加。公羊的利用年限为6~8年。

（二）公母比例合理

羊群应保持合理的公母比例。自然交配情况下公母比例为1∶30，人工辅助交配情况下公母比例为1∶60，人工授精情况下公母比例为1∶500。

（三）定期测定精液品质

要定期对种公羊进行体检，每周采精1次，检查种公羊精液品质并做好记录。对于精液外观异常或精子的活率和密度达不到要求的种公羊，暂停使用，查找原因，及时纠正。对于人工授精的饲养场，每次输精前都要检查精液和精子品质，精子活率低于0.6的精液或稀释精液不能用于输精。

（四）合理安排

在配种期最好集中配种和产羔，尽量不要将配种期拖延的过长，否则不利于管理和提高羔羊的成活率，同时对种公羊过冬不利。种公羊繁殖利用的最适年龄为 3~6 岁，在这一时期，配种效果最好，并且要及时淘汰老公羊并做好后备公羊的选育和储备。

（五）人工授精供精

公羊的生精能力较强，每次射出精子数达 20 亿~40 亿个，自然交配每只公羊每年配种 30~50 只，如采用人工授精就可提高到 700~1 000 只，可以大大提高种公羊的配种效能。在现代的规模化肉羊饲养场、养羊专业村和养羊大户中推广人工授精技术，可提高种公羊的利用率，减少母羊生殖道疾病的传播，是实现肉羊高效养殖的一项重要繁殖技术。

第三节　羔羊的饲养管理

一、羔羊的饲养管理

1. 尽快吃上初乳

羔羊出生后要尽快吃上初乳，母羊产后 5 天以内的乳叫初乳，初乳中含有丰富的蛋白质（17%~23%）、脂肪（9%~16%）等营养物质和抗体，具有营养、抗病和轻泻作用。羔羊及时吃到初乳，对增强体质，抵抗疾病和排出胎粪具有很重要的作用。因此，应让初生羔羊尽量早吃、多吃初乳，吃得越早，吃得越多，增重越快，体质越强，发病少，成活率高。

2. 羔羊要早开食、早开料

羔羊在出生后 10 天左右就有采食饲料和饲草的行为。为促进羔羊瘤胃发育和锻炼羔羊的采食能力，在羔羊出生 15 天后应开始训练羔羊采食。将羔羊单独分出来组成一群，在饲槽内加入粉碎后的高营养、容易消化吸收混合饲料和饲草。在饲喂过程中，要少喂勤添，定时定理，先精后粗。补草补料结束后，将槽内剩余的草料喂给母羊，把槽打扫干净，并将食槽翻扣，防止羔羊卧在槽内或将粪尿排在槽内。

3. 羔羊哺乳后期

当羔羊出生 2 个月后，由于母羊泌乳量逐渐下降，即使加强补饲，也不会明显增加产奶量。同时，由于羔羊前期已补饲草料，瘤胃发育及机能逐渐完善，能大量采食草料，饲养重点可转入羔羊饲养，每日补喂混合精料200~250克，自由采食青干草。要求饲料中粗蛋白质含量为13%~15%。不可给公羔饲喂大量麸皮，否则会引发尿道结石。

在哺乳时期要保持羊舍干燥清洁，经常垫铺褥草或干土，羔羊运动场和补饲场也要每天清扫，防止羔羊啃食粪土和散乱羊毛而发病。舍内温度保持在5℃左右为宜。

4. 断奶

羔羊一般在3.5~4月龄采取一次性断奶，断奶后的羔羊可按性别、体质强弱、个体大小分群饲养。在断奶前1周，对母羊要减少精饲料和多汁饲料的供给量，以防止乳房炎的发生。断乳后的羔羊，要单独组群放牧育肥或舍饲肥育，要选择水草条件好的草场进行野营放牧，突击抓膘。羊舍要求每天通风良好，冬天保暖防寒，保持清洁，净化环境，经常消毒。

二、羔羊的育肥

肥羔生产具有生产周期短、成本低、充分利用夏秋牧草资源和生产的肉质好等特点，所以它成为近年来国外羊肉生产的主要方式。断奶后不作种用的羔羊可转入育肥期，育肥可采取放牧加补饲法，半牧半舍饲加补饲法，舍饲加补饲法进行肥育。

为了提高肥羔生产效益，必须掌握以下技术措施。

1. 选择育肥羔羊

羔羊来自早熟、多胎、生长快的母羊所生；也可以用肉用品种公羊来交配本地土种羊，生产一代杂种，利用杂种优势生产肥羔。如用陶赛特与本地羊杂交，生产的杂交一代；波尔山羊与当地母羊杂交生产的杂交一代，这些杂交一代肥育效果都很好。

合理安排母羊配种，多安排在早春产羔，这样可以延长生长期而增加胴体重。

母羊产后母仔最好一起舍饲15~20天。这段时间羔羊吃奶次数多，几乎隔1个多小时就需要吃一次奶。20天以后，羔羊吃奶次数减少，可以让羔羊在羊舍饲养，白天母羊出去放牧，中午回来奶一次羔。

2. 及时补饲

随着羔羊的快速生长，母羊泌乳量逐渐不能满足羔羊的营养需要，必须补饲。一般羔羊生后15天左右开始啃草，这时应喂一些嫩草、树叶等，枯草季节可喂些优质青干草。补饲精料时要磨碎，最好炒一下，并添加适量食盐和骨粉。补充多汁饲料时要切成丝状，并与精料混拌后饲喂。补饲量可做如下安排：15~30 日龄的羔羊，每天补混合精料 50~75 克；1~2 月龄补 100 克；2~3月龄补 200 克；3~4 月龄补 250 克。每只羔羊在 4 个月哺乳期需补精料 10~15千克。对青草的补饲可不限量，任其采食。

对放牧肥育的羔羊而言，在枯草期前后也要进行补饲，可延长肥育期，提高胴体重量。对舍饲肥育羔羊要用全价配合饲料肥育，最好制成颗粒料饲喂。玉米可整粒饲喂，并注意充足饮水和矿物质的补饲。

3. 加强育肥羔羊的饲养管理

① 肥育前要驱除体内外的寄生虫，用虫克星 0.2 克/千克体重，盐酸左旋咪唑 10 毫克/千克体重。

② 按品种、性别、年龄、体况、大小、强弱合理进行分群，制订育肥的进度和强度。公羔可免去势育肥，若需去势宜在 2 月龄进行，去势后要加强管理。

③ 贮备充分的饲草饲料，保证育肥期不断料，不轻易地变更饲料。同一种饲料代替另一种饲料时，先代替 1/3（3 天），再加到 2/3（3 天），逐步全部替换。

④ 育肥羊在育肥期如要舍饲，应保持有一定的活动场地，羔羊每只占地0.75~0.95 米^2。

⑤ 推广青贮、氨化饲草，充分利用秸秆，扩大饲草来源。青贮、氨化秸秆制作方法简便易行，成本低，且营养价值高，适口性好，羊爱吃。饲喂青贮、氨化秸秆时，喂量由少到多，逐步代替其他牧草，适应后，每只羊每日喂青贮饲料 3~4 千克，氨化秸秆 1~1.5 千克，并补充适量的尿素。

⑥ 要确保育肥羊每日都能喝足清洁的水。据估计，气温在 15℃时，育肥羊饮水量在 1 千克左右；15~20℃时，饮水量 1.2 千克；20℃以上时饮水量接近 1.5 千克，冬季不宜饮用雪或冰水。

⑦ 保证饲料的品质，不喂发霉变质和冰冻的饲料。喂饲时避免羊只拥挤、争食。因此，饲槽长度要与羊数相称，每只羊应用 25~40 厘米，自动食槽可适当缩短，每只羊 5~10 厘米。投饲量不能过多，以吃完不剩为理想。

4. 育肥阶段与饲料配方

羔羊育肥阶段的划分因根据羔羊体重的大小确定，不同阶段补饲的饲料组成、补饲量都有所不同。一般在羔羊育肥的前期，由于羔羊的身体各个器官和组织都在生长发育，饲料中的蛋白质含量要求高；在育肥的后期，主要是脂肪沉积时所需的能量饲料比例应加大。

在管理上，育肥前期管理的重点是观察羔羊对育肥管理是否习惯，有无病态羊，羔羊的采食量是否正常，根据采食情况调整补饲标准、饲料配方等；到了育肥中期，应加大补饲量，增加蛋白质饲料的比例，注重饲料中营养的平衡质量；育肥后期，在加大补饲量的同时，增加饲料中的能量，适当减少蛋白质的比例，以增加羊肉的肥度，提高羊肉的品质。补饲量的确定应根据体重的大小，参考饲养标准补饲，并适当超前补饲，以期达到应有的增重效果。无论是哪个阶段都应注意观察羊群的健康状态和增重效果，随时改变育肥方案和技术措施。

（1）前期　玉米55%、麸皮14%、豆饼（豆粕）30%、骨粉1%。每天加添加剂（羊用）20克，食盐5~10克。每日每只供精料0.5千克左右。

（2）中期　玉米60%、麸皮15%、豆饼（豆粕）24%、骨粉1%。每天加添加剂（羊用）20克，食盐5~10克。每日每只供精料0.7千克左右。

（3）后期　玉米65%、麸皮14%、豆饼（豆粕）20%、骨粉1%。每天加添加剂（羊用）20克，食盐5~10克。每日每只供精料0.9千克左右。

5. 适时出栏

在冬季来临之前，除留一定数量的基础母羊、种羊外，商品羔羊全部出栏。实践证明，实行以羔羊当年育成出栏，可以实现"双赢"的效果：羔羊当年育成出栏，养羊的出栏率、商品率提高了，羔羊肉好吃、卖价高；羔羊当年育成出栏，商品肉羊在秋季出栏了，越冬的只有种羊和母羊，冬春季减少了对饲草料、棚圈的需求，冬春舍饲喂养，不再进行放牧，有效地保护了草原、草场生态。

第四节　育成羊和母羊的饲养管理

一、育成羊的饲养管理

从断乳到配种前的羊叫青年羊或育成羊。这一阶段是羊骨路和器官充分发育的时期，如果营养跟不上，便会影响生长发育、体质、采食量和将来的繁殖能力。加强培育，可以增大体格，促进器官的发育，对将来提高肉用能力，增强繁殖性能具有重要作用。

1. 育成羊的选种

选择适宜的育成羊留作种用是羊群质量进步的根底和重要手腕，生产中经常在育成期对羊只停止选择，把种类特性优秀的、高产的、种用价值高的公羊和母羊选出来留作繁衍用，不契合要求的或运用不完的公羊则转为商品羊使用。生产中常用的选种办法是依据羊自身的体形外貌、生产成绩来选择，辅以系谱检查和后代测定。

2. 育成羊的培育

断乳以后，羔羊按性别、大小、强弱分群，增强补饲。按饲养规范采取不同的饲养计划，按月抽测体重，依据增重状况调整饲养计划。羔羊在断奶组群放牧后，仍需继续补喂精料，补饲量要依据牧草状况决定。

3. 育成羊的营养

在枯草期，特别是第一个越冬期，育成羊还处于生长发育时期，而此时饲草枯槁、营养质量低劣，加之冬季时间长、气候冷、风大，耗费能量较多，需要摄取大量的营养物质才能抵御寒冷的侵袭，保证生长发育，所以必须增强补饲。在枯草期，除坚持放牧外，还要保证有足够的青干草和青贮料。精料的补饲量应视草场情况及补饲粗饲料状况而定，普通每天喂混合精料 0.2～0.5 千克。由于公羊普遍生长发育快，需求营养多，所以公羊要比母羊多喂些精料，同时还应留意对育成羊补饲矿物质如钙、磷、盐及维生素 A、维生素 D。

4. 育成羊的管理

刚离乳整群后的育成羊，正处在早期发育阶段，这一时期是育成羊生长发育最旺盛时期，这时正值夏季青草期。在青草期应充分应用青绿饲料，由于其营养丰富全面，十分有利于促进羊体消化器官的发育，能够培育出个体大、身腰长、肌肉匀称、胸围圆大、肋骨之间间隔较宽、整个内脏器官兴旺，而且具备各类型羊体型外貌的特征。因而夏季青草期应以放牧为主，并少量补饲。放牧时要留意锻炼头羊，控制好羊群，不要养成好游走，挑好草的不良习气。放牧间隔不可过远。在春季由舍饲向青草期过渡时，正值北方牧草返青时期，应控制育成羊跑青。放牧要采取先阴后阳（先吃枯草树叶后吃青草），控制游走，增加采草时间。

丰富的营养和充足的运动，可使青年羊胸部宽广，心肺发达，体质强壮。断奶后至 8 月龄，每日在吃足优质干草的基础上，补饲含可消化粗蛋白 15% 的精料 250～300 克。如果草质优良也可以少给精料。舍饲饲养的育成羊，若有质量优秀的豆科干草，其日粮中精料的粗蛋白以 12%～13% 为宜。若干草质量一般，可将粗蛋白质的含量提高到 16%。混合精料中能量以不低于整个日粮能量的 70%~75% 为宜。

二、母羊的饲养管理

依照生理特点和生产目的不同可分为空怀期，配种前的催情期，妊娠前期和妊娠后期，哺乳前期和哺乳后期 6 个阶段，其饲养的重点是妊娠后期和哺乳前期这 4 个月。

1. 空怀母羊的饲养管理技术

空怀母羊是指从哺乳期结束到下一个配种期这段时间的母羊。这个阶段要迅速恢复种母羊的体况，为下一个配种期做准备。以饲喂青贮饲料为主，可适当补喂精饲料，对体况较差的可多补一些精饲料，夏季不补，冬季补。在此阶段除搞好饲养管理外，还要对羊群的繁殖技术进行调整，淘汰老龄母羊和生长发育差、哺乳性能不好的母羊，调整羊群结构。

2. 配种前的催情补饲

为了保证母羊在配种季节发情整齐，缩短配种期，增加排卵数和提高受胎率，在配种前 2~3 周，除保证青饲草的供应，还要适当喂盐，满足自由饮水，还要对繁殖母羊进行短期补饲，每只每天喂混合精料 0.2~0.4 千克。这样有助于发情。

3. 妊娠前期的饲养管理

妊娠前期指开始妊娠的前 3 个月，这阶段胎儿发育较慢，所需营养无显著增多，但要求母羊保持良好膘度。依靠青草基本上能满足其营养需要。如不能满足时，应考虑补饲。管理上要避免母羊吃霜草和霉烂饲料，不饮冰水，不使其受惊猛跑，以免发生流产。

4. 妊娠后期的饲养管理

妊娠后期的 2 个月中，胎儿发育速度很快，90% 的初生重在这阶段完成。为保证胎儿的正常发育，并为产后哺乳贮备营养，应加强母羊的饲养管理。对在冬春季产羔的母羊，由于缺乏优质的青草，饲草中的营养相对要差，所以应补优质的青干草。每只妊娠母羊每天补充含蛋白质较高的精饲料 0.4~0.8 千克，胡萝卜 0.5 千克，食盐 8~10 克。对在夏季和秋季产羔的妊娠母羊，由于可以采食到青草，饲草的营养价值相对较好，根据妊娠母羊的不同体况，每只妊娠母羊可以补充精饲料 0.2~0.5 千克、食盐 10 克、骨粉 8~10 克。在管理上严防挤压、跳跃和惊吓，以免造成流产，不喂发霉变质和冰冻饲料。

5. 哺乳前期饲养管理

哺乳前期是指产后羔的 2 月龄内，这段时间的泌乳量增加很快，2 个月后的泌乳量逐渐减少，即使增加营养，也不会增加羊的泌乳量。所以在泌乳前期必须加强哺乳母羊的饲养和营养。为保证母羊有较高的泌乳量，在夏季要充分满足母羊青草的供应，在冬季要饲喂品质较好的青干草和各种树叶等。同时要加强对哺乳母羊的补饲，根据母羊哺乳羔羊的数量、母羊的体况来考虑哺乳母羊的补饲量。每天喂混合精料0.8千克，胡萝卜0.5千克。

产后的母羊的管理要注意控制精料的用量，产后1~3天内，母羊不能喂过多的精料，不能喂冷、冰水。羔羊断奶前，应逐渐减少多汁饲料和精料喂量，防止发生乳房疾病。母羊舍要经常打扫、消毒，胎衣和毛团等污物要及时清除，以防羔羊吞食发病。

6. 哺乳后期的饲养管理

哺乳后期母羊的泌乳性能逐渐下降，产奶量减少，同时羔羊的采食能力和消化能力也逐渐提高，羔羊生长发育所需要的营养可以从母羊的乳汁和羔羊本身所采食的饲料中获得。所以哺乳后期母羊的饲养已不是重点，精饲料的供给量应逐渐减少。每天减为0.5千克、胡萝卜0.3千克左右。同时应增加青草和普通青干草的供给量，逐步过渡到空怀期的饲养管理。

参考文献

蒋洪茂，1999. 优质牛肉生产技术［M］. 北京：中国农业出版社.

兰海军，2011. 养牛与牛病防治［M］. 北京：中国农业大学出版社.

兰俊宝，王中华，2002. 牛的生产与经营［M］. 北京：高等教育出版社.

李本亭等，2006. 大棚高效养肉牛新技术［M］. 济南：山东科学技术出版社.

刘强，闫益波等，2013. 肉牛标准化规模养殖技术［M］. 北京：中国农业科学技术出版社.

覃国森，丁洪涛，2006. 养牛与牛病防治［M］. 北京：中国农业出版社.

岳炳辉，任建存，2014. 养羊与羊病防治［M］. 北京：中国农业出版社.